SOLUTIONS MANUAL TO ACCOMPANY

CHEMISTRY FOR ENVIRONMENTAL ENGINEERING

FOURTH EDITION

CLAIR N. SAWYER
Late Professor of
Sanitary Chemistry
Massachusetts Institute of Technology

PERRY L. McCARTY
Silas H. Palmer Professor
of Environmental Engineering
Stanford University

GENE F. PARKIN
Professor of Civil and
Environmental Engineering
University of Iowa

McGraw-Hill
New York St. Louis San Francisco Auckland Bogotá
Caracas Lisbon London Madrid Mexico City
Milan Montreal New Delhi San Juan
Singapore Sydney Tokyo Toronto

Solutions Manual to Accompany
CHEMISTRY FOR ENVIRONMENTAL
ENGINEERING / Fourth Edition

Copyright ©1994 by McGraw-Hill, Inc. All rights reserved.
Printed in the United States of America. The contents, or
parts thereof, may be reproduced for use with
CHEMISTRY FOR ENVIRONMENTAL
ENGINEERING / Fourth Edition
by Clair N. Sawyer,
Perry L. McCarty,
Gene F. Parkin
provided such reproductions bear copyright notice, but may not
be reproduced in any form for any other purpose without
permission of the publisher.

ISBN 0-07-054979-6

234567890 GDP/GDP 90987654
Printer/Binder Greyden Press

CHAPTER 2

2-1 (a) $MgCO_3$

$$MW = 24.3 + 12 + 3(16) = \underline{84.3} \text{ g/mol}$$

$$MgCO_3 + 2H^+ \rightleftarrows Mg^{2+} + H_2CO_3$$

$$EW = \frac{84.3}{2} = \underline{\underline{42.15}} \text{ g/equiv}$$

(b) $NaNO_3$

$$MW = 23 + 14 + 3(16) = \underline{85} \text{ g/mol}$$

$$NaNO_3 + H^+ \rightleftarrows Na^+ + HNO_3$$

$$EW = \frac{85}{1} = \underline{\underline{85}} \text{ g/equiv}$$

(c) CO_2

$$MW = 12 + 2(16) = \underline{44} \text{ g/mol}$$

$$CO_2 + H_2O \rightleftarrows H_2CO_3$$

Note from above: $MgCO_3 + 2H^+ \rightleftarrows Mg^{2+} + H_2CO_3$ and $H_2CO_3 \rightleftarrows 2H^+ + CO_3^{2-}$

or from class: $CaCO_3 + 2H^+ \rightleftarrows Ca^{2+} + H_2CO_3$

$$EW = \frac{44}{2} = \underline{\underline{22}} \text{ g/equiv}$$

*Note: In some reactions, Z might be consideredc to be 1 (for example, $H_2CO_3 \rightleftarrows H^+ + HCO_3^-$)

(d) K_2HPO_4

$$MW = 2(39.1) + 1 + 31 + 4(16) = \underline{174.2} \text{ g/mol}$$

$$K_2HPO_4 + 2H^+ \rightleftarrows H_3PO_4 + 2K^+$$

$$EW = \frac{174.2}{2} = \underline{\underline{87.1}} \text{ g/equiv}$$

2-2 (a) $BaSO_4$

$$MW = 137.3 + 32.1 + 4(16) = \underline{233.4} \text{ g/mol}$$

$$BaSO_4 + 2H^+ \rightleftarrows Ba^{2+} + H_2SO_4$$

$$EW = \frac{233.4}{2} = \underline{\underline{116.7}} \text{ g/equiv}$$

(b) $NaCO_3$

$$MW = 2(23) + 12 + 3(16) = \underline{106} \text{ g/mol}$$

$$NaCO_3 + 2H^+ \rightleftarrows Na^+ + H_2CO_3$$

$$EW = \frac{106}{2} = \underline{\underline{53}} \text{ g/equiv}$$

(2-2) (c) H_2SO_4

$$MW = 2(1) + 32.1 + 4(16) = \underline{98.1} \text{ g/mol}$$

$$H_2SO_4 \rightleftarrows 2H^+ + SO_4^{2-}$$

$$EW = \frac{98.1}{2} = \underline{49.05} \text{ g/equiv}$$

(d) $Mg(OH)_2$

$$MW = 24.3 + 2(16) + 2(1) = \underline{58.3} \text{ g/mol}$$

$$Mg(OH)_2 + 2H^+ \rightleftarrows Mg^{2+} + 2H_2O$$

$$EW = \frac{58.3}{2} = \underline{29.15} \text{ g/equiv}$$

2-3 (a) $\frac{10}{23+17} = \underline{0.25}$ for NaOH

(b) $\frac{10}{46+32+64} = \frac{10}{142} = \underline{0.0704}$ for Na_2SO_4

(c) $\frac{10}{78+104+7(16)} = \frac{10}{294} = \underline{0.034}$ for $K_2Cr_2O_7$

(d) $\frac{10}{39+35.5} = \frac{10}{74.5} = \underline{0.134}$ for KCl.

2-4 (a) $\frac{X}{2} = 0.15 \text{ M} \rightarrow X = 0.30$ mols of $KMnO_4$

$$MW = 39.1 + 24.3 + 4(16) = 127.4 \text{ g/mol}$$
$$0.30(127.4) = \underline{38.22} \text{ g}$$

(b) $\frac{X}{2} = 0.15 \text{ N} \rightarrow X = 0.30$ equiv. of $KMnO_4$

$$EW = \frac{127.4}{2} = 63.7 \text{ g/equiv}$$

$$0.30(63.7) = \underline{19.11} \text{ g}$$

2-5 Ca^{2+}: $EW = \frac{40}{2} = 20$ g/equiv

$\text{meq/l} = \frac{44}{20} = 2.2$ meq/l

Mg^{2+}: $EW = \frac{24.3}{2} = 12.15$ g/equiv

$\text{meq/l} = \frac{19}{12.15} = 1.56$ meq/l

Total Hardness $= 2.20 + 1.56 = 3.76$ meq/l
$= 3.76(50 \text{ mg/meq}) = \underline{188}$ mg/l as $CaCO_3$

2-6   Note: for HCO_3^-, H^+, and OH^-, mol/l = equiv/l (Z = 1)

for CO_3^{2-}, equiv/l = 2(mol/l) (Z = 2)

$\left.\begin{array}{l}[OH^-][H^+] = 10^{-14}\\ pH = -\log[H^+]\end{array}\right\} \to$ for $[H^+] = 10^{-9.5}$, $[OH^-] = 10^{-4.5}$

$[HCO_3^-] = \dfrac{118 \text{ mg/l}}{61,000 \text{ mg/mol}} = 1.93 \times 10^{-3}$ M

$[CO_3^{2-}] = \dfrac{19 \text{ mg/l}}{60,000 \text{ mg/mol}} = 3.17 \times 10^{-4}$ M

equiv/l   Alk = $1.93 \times 10^{-3} + 2(3.17 \times 10^{-4}) + 10^{-4.5} - 10^{-7.5}$

Alk = 2.60×10^{-3} equiv/l (50,000 mg/equiv)

Alk = <u>130</u> mg/l as $CaCO_3$

2-7 (a) $CaCl_2 + Na_2CO_3 \to \underline{CaCO_3} + 2\,NaCl$
     (b) $Ca_3(PO_4)_2 + 4\,H_3PO_4 \to 3\,Ca(H_2PO_4)_2$
     (c) $MnO_2 + 2NaCl + 2H_2SO_4 \to MnSO_4 + 2H_2O + Cl_2 + Na_2SO_4$
     (d) $Ca(H_2PO_4)_2 + 2NaHCO_3 \to CaHPO_4 + Na_2HPO_4 + 2H_2O + 2CO_2$

2-8 (a) $FeS + 2HCl \to FeCl_2 + H_2S$
     (b) $3Ca_2 + 6KOH \to 5KCl + KClO_3 + 3H_2O$
     (c) $6FeSO_4 + K_2Cr_2O_7 + 7H_2SO_4 \to 3Fe_2(SO_4)_3 + Cr_2(SO_4)_3 + K_2SO_4 + 7H_2O$
     (d) $Al_2(SO_4)_3 \cdot 14H_2O + 3Ca(HCO_3)_2 \to 2Al(OH)_3 + 3CaSO_4 + 14H_2O + 6CO_2$

2-9 (a) $4Fe(OH)_2 + 2H_2O + O_2 \to 4Fe(OH)_3$
     (b) $2KI + 2HNO_2 + H_2SO_4 \to 2NO + I_2 + 2H_2O + K_2SO_4$
     (c) $5H_2C_2O_4 + 2KMnO_4 + 3H_2SO_4 \to 10CO_2 + 2MnSO_4 + K_2SO_4 + 8H_2O$
     (d) $SO_3^= + 2Fe^{3+} + H_2O \to SO_4^= + 2Fe^{2+} + 2H^+$

2-10 (a) $3HClO \to HClO_3 + 2HCl$
     (b) $5NO_2^- + 2MnO_4^- + 6H^+ \to 5NO_3^- + 2Mn^{2+} + 3H_2O$
     (c) $6Cl^- + 2NO_3^- + 8H^+ \to 3Cl_2 + 2NO + 4H_2O$
     (d) $2I_2 + IO_3^- + 6H^+ + 10Cl^- \to 5ICl_2^- + 3H_2O$

2-11 (a)

$I^- = \tfrac{1}{2}I_2 + e^-$

$\tfrac{1}{2}MnO_2 + 2H^+ + e^- = \tfrac{1}{2}Mn^{2+} + H_2O$

―――――――――――――――――――――――――

$I^- + \tfrac{1}{2}MnO_2 + 2H^+ = \tfrac{1}{2}I_2 + \tfrac{1}{2}Mn^{2+} + H_2O$

or $2I^- + MnO_2 + 4H^+ = I_2 + Mn^{2+} + 2H_2O$

(2-11) (b)

$$\frac{1}{8} S_2O_3^= + \frac{5}{8} H_2O = \frac{1}{4} SO_4^= + \frac{5}{4} H^+ + e^-$$
$$\frac{1}{2} Cl_2 + e^- = Cl^-$$

$$\frac{1}{8} S_2O_3^= + \frac{1}{2} Cl_2 + \frac{5}{8} H_2O = \frac{1}{4} SO_4^= + Cl^- + \frac{5}{4} H^+$$

or $\quad S_2O_3^= + 4 Cl_2 + 5 H_2O = 2 SO_4^= + 8 Cl^- + 10 H^+$

(c)
$$\frac{1}{8} NH_4^+ + \frac{3}{8} H_2O = \frac{1}{8} NO_3^- + \frac{5}{4} H^+ + e^-$$
$$\frac{1}{4} O_2 + H^+ + e^- = \frac{1}{2} H_2O$$

$$\frac{1}{8} NH_4^+ + \frac{1}{4} O_2 = \frac{1}{8} NO_3^- + \frac{1}{8} H_2O + \frac{1}{4} H^+$$

or $\quad NH_4^+ + 2 O_2 = NO_3^- + 8 H_2O + 2 H^+$

(d)
$$\frac{1}{8} CH_3COO^- + \frac{1}{4} H_2O = \frac{1}{4} CO_2 + \frac{7}{8} H^+ + e^-$$
$$\frac{1}{6} Cr_2O_7^= + \frac{7}{3} H^+ + e^- = \frac{1}{3} Cr^{3+} + \frac{7}{6} H_2O$$

$$\frac{1}{8} CH_3COO^- + \frac{1}{6} Cr_2O_7^= + \frac{35}{24} H^+ = \frac{1}{4} CO_2 + \frac{1}{3} Cr^{3+} + \frac{11}{12} H_2O$$

or $3 CH_3COO^- + 4 Cr_2O_7^= + 35 H^+ = 6 CO_2 + 8 Cr^{3+} + 22 H_2O$

(e)
$$\frac{1}{24} C_6H_{12}O_6 + \frac{1}{4} H_2O = \frac{1}{4} CO_2 + \frac{7}{8} H^+ + e^-$$
$$\frac{1}{5} NO_3^- + \frac{6}{5} H^+ + e^- = \frac{1}{10} N_2 + \frac{3}{5} H_2O$$

$$\frac{1}{24} C_6H_{12}O_6 + \frac{1}{5} NO_3^- + \frac{1}{5} H^+ = \frac{1}{4} CO_2 + \frac{1}{10} N_2 + \frac{7}{20} H_2O$$

or $\quad 5 C_6H_{12}O_6 + 24 NO_3^- + 24 H^+ = 30 CO_2 + 12 N_2 + 42 H_2O$

2-12 (a)
$$\frac{1}{2} Mn^{2+} + H_2O = \frac{1}{2} MnO_2 + 2 H^+ + e^-$$
$$\frac{1}{4} O_2 + H^+ + e^- = \frac{1}{2} H_2O$$

$$\frac{1}{2} Mn^{2+} + \frac{1}{4} O_2 + \frac{1}{2} H_2O = \frac{1}{2} MnO_2 + H^+$$

or $\quad 2 Mn^{2+} + O_2 + 2 H_2O = 2 MnO_2 + 4 H^+$

(b)
$$\frac{1}{8} S_2O_3^= + \frac{5}{8} H_2O = \frac{1}{4} SO_4^= + \frac{5}{4} H^+ + e^-$$
$$\frac{1}{2} I_2 + e^- = I^-$$

$$\frac{1}{8} S_2O_3^= + \frac{1}{2} I_2 + \frac{5}{8} H_2O = \frac{1}{4} SO_4^= + I^- + \frac{5}{4} H^+$$

or $\quad S_2O_3^= + 4 I_2 + 5 H_2O = 2 SO_4^= + 8 I^- + 10 H^+$

(2-12) (c)

$$\frac{1}{6} NH_4^+ + \frac{1}{3} H_2O = \frac{1}{6} NO_2^- + \frac{4}{3} H^+ + e^-$$
$$\frac{1}{4} O_2 + H^+ + e^- = \frac{1}{2} H_2O$$
$$\overline{\frac{1}{6} NH_4^+ + \frac{1}{4} O_2 = \frac{1}{6} NO_3^- + \frac{1}{6} H_2O + \frac{1}{3} H^+}$$

or $\quad 2 NH_4^+ + 3 O_2 = 2 NO_2^- + 2 H_2O + 4 H^+$

(d)
$$\frac{1}{24} C_6H_{12}O_6 + \frac{1}{4} H_2O = \frac{1}{4} CO_2 + H^+ + e^-$$
$$\frac{1}{6} Cr_2O_7^= + \frac{7}{3} H^+ + e^- = \frac{1}{3} Cr^{3+} + \frac{7}{6} H_2O$$
$$\overline{\frac{1}{24} C_6H_{12}O_6 + \frac{1}{6} Cr_2O_7^= + \frac{4}{3} H^+ = \frac{1}{4} CO_2 + \frac{1}{3} Cr^{3+} + \frac{11}{12} H_2O}$$

or $\quad C_6H_{12}O_6 + 4 Cr_2O_7^= + 32 H^+ = 6 CO_2 + 8 Cr^{3+} + 22 H_2O$

(e)
$$\frac{1}{8} CH_3COO^- + \frac{1}{4} H_2O = \frac{1}{4} CO_2 + \frac{7}{8} H^+ + e^-$$
$$\frac{1}{8} SO_4^= + \frac{5}{4} H^+ + e^- = \frac{1}{8} H_2S + \frac{1}{2} H_2O$$
$$\overline{\frac{1}{8} CH_3COO^- + \frac{1}{8} SO_4^= + \frac{3}{8} H^+ = \frac{1}{4} CO_2 + \frac{1}{8} H_2S + \frac{1}{4} H_2O}$$

or $\quad CH_3COO^- + SO_4^= + 3 H^+ = 2 CO_2 + H_2S + 2 H_2O$

2-13 (a)

$$SO_4^= = S$$
$$SO_4^= = S + 4 H_2O$$
$$SO_4^= + 8 H^+ + 6 e^- = S + 4 H_2O$$
$$\frac{1}{6} SO_4^= + \frac{4}{3} H^+ + e^- = \frac{1}{6} S + \frac{2}{3} H_2O$$

(b)

$$NO_3^- = NO_2^-$$
$$NO_3^- = NO_2^- + H_2O$$
$$NO_3^- + 2 H^+ + 2 e^- = NO_2^- + H_2O$$
$$\frac{1}{2} NO_3^- + H^+ + e^- = \frac{1}{2} NO_2^- + \frac{1}{2} H_2O$$

(c)

$$2 CH_3COO^- = CH_3CH_2CH_2COO^-$$
$$2 CH_3COO^- = CH_3CH_2CH_2COO^- + 2 H_2O$$
$$2 CH_3COO^- + 5 H^+ + 4 e^- = CH_3CH_2CH_2COO^- + 2 H_2O$$
$$\frac{1}{2} CH_3COO^- + \frac{5}{4} H^+ + e^- = \frac{1}{4} CH_3CH_2CH_2COO^- + \frac{1}{2} H_2O$$

2-14 (a)

$$CO_2 = CH_4$$
$$CO_2 = CH_4 + 2\,H_2O$$
$$CO_2 + 4\,H^+ + 4\,e^- = CH_4 + 2\,H_2O$$
$$\tfrac{1}{4}CO_2 + H^+ + e^- = \tfrac{1}{4}CH_4 + \tfrac{1}{2}H_2O$$

(b)

$$S = H_2S$$
$$S + 2\,H^+ + 2\,e^- = H_2S + H_2O$$
$$\tfrac{1}{2}S + H^+ + e^- = \tfrac{1}{2}H_2S$$

(c)

$$CH_3COO^- + CO_2 = CH_3CH_2COO^-$$
$$CH_3COO^- + CO_2 = CH_3CH_2COO^- + 2\,H_2O$$
$$CH_3COO^- + CO_2 + 6\,H^+ + 6\,e^- = CH_3CH_2COO^- + 2\,H_2O$$
$$\tfrac{1}{6}CH_3COO^- + \tfrac{1}{6}CO_2 + H^+ + e^- = \tfrac{1}{6}CH_3CH_2COO^- + \tfrac{1}{3}H_2O$$

2-15

$$\tfrac{1}{2}S + H^+ + e^- \rightarrow \tfrac{1}{2}H_2S$$
$$Fe^{3+} + e^- \rightarrow Fe^{2+}$$

$$\tfrac{1}{2}H_2S \rightarrow \tfrac{1}{2}S + H^+ + e^-$$
$$Fe^{3+} + e^- \rightarrow Fe^{2+}$$

$$\overline{\tfrac{1}{2}H_2S + Fe^{3+} \rightarrow \tfrac{1}{2}S + H^+ + Fe^{2+}}$$

or $\quad H_2S + 2\,Fe^{3+} \rightarrow S + 2\,H^+ + 2\,Fe^{2+}$

2-16

$$2\,CO_2 + 12\,H^+ + 12\,e^- \rightarrow CH_3CH_2OH + 3\,H_2O$$

or $\quad \tfrac{1}{6}CO_2 + H^+ + e^- \rightarrow \tfrac{1}{12}CH_3CH_2OH + \tfrac{1}{4}H_2O$

$$NO_3^- + 2\,H^+ + 2\,e^- \rightarrow NO_2^- + H_2O$$

or $\quad \tfrac{1}{2}NO_3^- + H^+ + e^- \rightarrow \tfrac{1}{2}NO_2^- + \tfrac{1}{2}H_2O$

$$\tfrac{1}{12}CH_3CH_2OH + \tfrac{1}{4}H_2O \rightarrow \tfrac{1}{6}CO_2 + H^+ + e^-$$
$$\tfrac{1}{2}NO_3^- + H^+ + e^- \rightarrow \tfrac{1}{2}NO_2^- + \tfrac{1}{2}H_2O$$

$$\overline{\tfrac{1}{12}CH_3CH_2OH + \tfrac{1}{2}NO_3^- \rightarrow \tfrac{1}{6}CO_2 + \tfrac{1}{2}NO_2^- + \tfrac{1}{4}H_2O}$$

2-17 $H_2SO_4 + CaCO_3 \rightarrow H_2O + CO_2 + CaSO_4$

M.W. $CaCO_4 = 40 + 32 + 4(16) = 136$

Moles H_2SO_4 req'd $= \dfrac{65}{136} = \underline{0.478}$

2-18 $K_2Cr_2O_7 + 6\,KI + 7H_2SO_4 \rightarrow Cr_2(SO_4)_3 + 4K_2SO_4 + 3I_2 + 7H_2O$

M.W. $K_2Cr_2O_7$ = 2(39.1) + 2(52) + 7(16) = 294.2
M.W. I_2 = 2(126.9) = 253.8

I_2 Formed = $\dfrac{3(253.8)}{294.2} \times 6$ = $\underline{15.5}$ g

2-19 M.W. CO_2 = 12 + 32 = 44 g

120 lb CO_2 = $\dfrac{120(1000)}{2.2}$ = 54,600 g

$= \dfrac{54,600}{44}$ = 1,240 moles

$PV = nRT$

$V = \dfrac{1,240(0.082)(273 + 40)}{1.5}$ = 21,220 liters

$= \dfrac{21,220}{28.3}$ = $\underline{750}$ cu ft

2-20 $PV = nRT$

$n = \dfrac{PV}{RT} = \dfrac{5(10)}{(0.082)(273)}$ = 2.235 moles O_2

Weight = 32(2.235) = $\underline{71.5}$ g

2-21 $CH_4 + 2O_2 \rightarrow CO_2 + 2H_2O$

Moles CH_4 = $\dfrac{25}{(12 + 4)}$ = 1.56 moles

Moles O_2 req'd = 1.56(2) = 3.12 moles

$PV = nRT$

$V = \dfrac{nRT}{p} = \dfrac{3.12(0.082)(273 + 25)}{0.21}$ = $\underline{363}$ liters

2-22 $CH_3CH_3 + 3\tfrac{1}{2}\,O_2 \rightarrow 2CO_2 + 3H_2O$

(a) $CH_3CH_3 = \dfrac{6}{(24 + 6)}$ = 0.2 moles

H_2O = 3(0.2) = $\underline{0.6}$ moles formed

(b) CO_2 = 2(0.2) = $\underline{0.4}$ moles formed

(c) $PV = nRT$

$V = \dfrac{0.4(0.082)(273 + 20)}{1}$ = $\underline{9.6}$ liters CO_2

2-23 $PV = nRT$ M.W. $H_2S = 2 + 32 = 34$

$P = \dfrac{nRT}{V}$ $n = \dfrac{100}{34 \times 1000} = 2.94 \times 10^{-3}$

$P = \dfrac{2.94(10^{-3})(8.2)(10^{-2})(273 + 25)}{1}$

$= 2.94(8.2)(2.98)(10^{-3}) = \underline{0.072}$ atm

2-24 (a) CH_4 (M.W. = 16) $\dfrac{12}{16} = \underline{0.75}$ moles

N_2 (M.W. = 28) $\dfrac{1}{28} = \underline{0.0357}$ moles

CO_2 (M.W. = 44) $\dfrac{15}{44} = \underline{0.341}$ moles

(b) $PV = nRT$

$P = \dfrac{n(0.082)(273 + 25)}{30} = 0.815\, n$

CH_4 $P = 0.815(0.75) = \underline{0.611}$ atm

N_2 $P = 0.815(0.0357) = \underline{0.029}$ atm

CO_2 $P = 0.815(0.0341) = \underline{0.278}$ atm

(c) Total $P = 0.611 + 0.029 + 0.278 = \underline{0.918}$ atm

(d) $CH_4 = \dfrac{0.611}{0.918} = \underline{66.5}$ percent

$N_2 = \dfrac{0.029}{0.918} = \underline{3.2}$ percent

$CO_2 = \dfrac{0.278}{0.918} = \underline{30.3}$ percent

2-25 $C = \beta\, p_{gas}$

$= 2.0(0.3) = 0.6$ g/l

5 liters contain $0.6(5) = \underline{3.0}$ g CO_2

2-26 $p_{O_2} = 0.21(0.81) = 0.17$ atm

$C = \beta\, p_{O_2} = 43.4(0.17) = \underline{7.4}$ mg/l

2-27 (a) $H_2CO_3 \rightarrow H^+ + HCO_3^-$
$\, 0.10 - X \quad\ X \quad\ X$

$\dfrac{[X][X]}{[0.10 - X]} = 4.45 \times 10^{-7}$

(2-27) $[X]^2 \cong 4.45 \times 10^{-8}$ (since $X << 0.10$)
$[X] = \underline{2.11 \times 10^{-4}} = \underline{[H^+]}$

% ionization $= \dfrac{2.11 \times 10^{-4}}{0.10}(100) = \underline{0.211}$ percent

(b) $\dfrac{[X][X]}{[0.01 - X]} = 4.45 \times 10^{-7}$

$[X]^2 \cong 4.45 \times 10^{-10}$
$[X] = \underline{6.67 \times 10^{-5}} = \underline{[H^+]}$

% ionization $= \dfrac{6.67 \times 10^{-5}}{0.01}(100) = \underline{0.067}$ percent

2-28 $HOCl \rightarrow H^+ + OCl^-$
$0.05 - X \quad X \quad X$

$\dfrac{[X][X]}{[0.05 - X]} = 2.85 \times 10^{-8}$

$[X]^2 \cong 14.25 \times 10^{-10}$
$[X] = \underline{3.78 \times 10^{-5}} = \underline{[H^+]}$

% ionization $= \dfrac{3.78 \times 10^{-5}}{0.05}(100) = \underline{0.076}$ percent

2-29 (a)

$Cd^{2+} + Cl^- \rightleftarrows CdCl^+ \qquad \dfrac{[CdCl^+]}{[Cd^{2+}][Cl^-]} = K_1$

$CdCl^+ + Cl^- \rightleftarrows CdCl_2 \qquad \dfrac{[CdCl_2]}{[CdCl^+][Cl^-]} = K_2$

$CdCl_2 + Cl^- \rightleftarrows CdCl_3^- \qquad \dfrac{[CdCl_3^-]}{[CdCl_2][Cl^-]} = K_3$

$CdCl_2 + Cl^- \rightleftarrows CdCl_4^= \qquad \dfrac{[CdCl_4^=]}{[CdCl_2][Cl^-]} = K_4$

(b) $CdCl_4^= \rightleftarrows Cd^{2+} + 4\,Cl^- \qquad \dfrac{[Cd^{2+}][Cl^-]^4}{[CdCl_4^=]} = K_{inst}$

2-30 (a)

$Cu^{2+} + NH_3 \rightleftarrows Cu(NH_3)^{2+} \qquad \dfrac{[Cu(NH_3)^{2+}]}{[Cu^{2+}][NH_3]} = K_1$

$Cu(NH_3)^{2+} + NH_3 \rightleftarrows Cu(NH_3)_2^{2+} \qquad \dfrac{[Cu(NH_3)_2^{2+}]}{[Cu(NH_3)^{2+}][NH_3]} = K_2$

$Cu(NH_3)_2^{2+} + NH_3 \rightleftarrows Cu(NH_3)_3^{2+} \qquad \dfrac{[Cu(NH_3)_3^{2+}]}{[Cu(NH_3)_2^{2+}][NH_3]} = K_3$

(2-30) $\quad Cu(NH_3)_3^{2+} + NH_3 \rightleftarrows Cu(NH_3)_4^{2+} \quad \dfrac{[Cu(NH_3)_4^{2+}]}{[Cu(NH_3)_3^{2+}][NH_3]} = K_4$

$\quad Cu(NH_3)_4^{2+} + NH_3 \rightleftarrows Cu(NH_3)_5^{2+} \quad \dfrac{[Cu(NH_3)_5^{2+}]}{[Cu(NH_3)_4^{2+}][NH_3]} = K_5$

(b) $\quad Cu^{2+} + 4\, NH_3 \rightleftarrows Cu(NH_3)_4^{2+} \quad \dfrac{[Cu(NH_3)_4^{2+}]}{[Cu^{2+}][NH_3]^4} = \beta_4$

2-31 $[CdCl^+] = K_1[Cd^{2+}][Cl^-] = 21(10^{-8})(10^{-3}) = 2.1(10^{-10})$

$[CdCl_2] = K_2[CdCl^+][Cl^-] = 8(2.1)(10^{-10})(10^{-3}) = 1.7(10^{-12})$

$[CdCl_3^-] = K_3[CdCl_2][Cl^-] = 1.2(1.7)(10^{-12})(10^{-3}) = 2(10^{-15})$

$[CdCl_4^=] = K_4[CdCl_3^-][Cl^-] = 0.35(2)(10^{-15})(10^{-3}) = 7(10^{-19})$

Cd^{2+} is the most prevalent species @ 10^{-8} M, but $CdCl^-$ is the most prevalent complex @ $2.1(10^{-10})$ M.

2-32 $[CdCl^+] = 21(10^{-8})(0.5) = 1.05(10^{-7})$ M

$[CdCl_2] = 8(1.05)(10^{-7})(0.5) = 4.2(10^{-7})$ M

$[CdCl_3^-] = 2(4.2)(10^{-7})(0.5) = 4.2(10^{-7})$ M

$[CdCl_4^=] = 7(4.2)(10^{-7})(0.5) = 1.47(10^{-6})$ M

In this case, $CdCl_4^=$ is the most prevalent species.

2-33 $[Ba^{2+}][SO_4^=] = 1 \times 10^{-10}$

(a) $[SO_4^=] = \dfrac{1 \times 10^{-10}}{10^{-4}} = \underline{1 \times 10^{-6}}$ mol/l

(b) $96 \times 1000 \times 10^{-6} = \underline{0.096}$ mg/l

(c) $(1 \times 10^{-6})(6.02 \times 10^{23}) = \underline{6.02 \times 10^{17}/l}$

2-34 $[Ag^+][Cl^-] = 3 \times 10^{-10}$

(a) $[Cl^-] = \dfrac{3 \times 10^{-10}}{10^{-4}} = \underline{3 \times 10^{-6}}$ mol/l

(b) $35.5 \times 1000 \times 3 \times 10^{-6} = \underline{0.107}$ mg/l

(c) $(3 \times 10^{-6})(6.02 \times 10^{23}) = 18.1 \times 10^{17}$ or $\underline{1.81 \times 10^{18}/l}$

2-35 (a) (1) $[Ag^+][Cl^-] = K_{sp}$ \quad (b) Cl^-

(2) $[Cu^{2+}][S^=] = K_{sp}$ \quad\quad $S^=$

(2-35)   (3) $[Mg^{2+}][NH_4^+][PO_4^{3-}] = K_{sp}$ PO_4^{3-}

(4) $[Au^{3+}][OH^-]^3 = K_{sp}$ OH^-

(5) $[Ag^+]^2[CrO_4^=] = K_{sp}$ $CrO_4^=$

(6) $[Ba^{2+}][CO_3^=] = K_{sp}$ $CO_3^=$

2-36   Complex ion formation

2-37   See text

2-38 (a) $(3 \times 6.1 \times 10^{-5})^3 (2 \times 6.1 \times 10^{-5})^2 = 6.15 \times 1.49 \times 10^{-20}$
$= \underline{\underline{9.1 \times 10^{-20}}}$

(b) $(6.3 \times 10^{-9})(6.3 \times 10^{-9}) = \underline{\underline{4.0 \times 10^{-17}}}$

(c) $(3 \times 1.6 \times 10^{-7})^3 (2 \times 1.6 \times 10^{-7})^2 = 110 \times 10.25 \times 10^{-35} = \underline{\underline{1.1 \times 10^{-32}}}$

(d) $(7.4 \times 10^{-3})(2 \times 7.4 \times 10^{-3})^2 = 7.4 \times 219 \times 10^{-9} = \underline{\underline{1.6 \times 10^{-6}}}$

2-39   <u>Sodium carbonate</u>   – $CaCO_3$ is less soluble than $Ca(OH)_2$

2-40   <u>Sodium hydroxide</u>   – $Mg(OH)_2$ is less soluble than $MgCO_3$

2-41 (a) Decrease OH^- by adding acid, decrease NH_4^+ perhaps by precipitation as with $Mg(NH_4)PO_4$ or by complex formation.

(b) Remove gaseous NH_3 by boiling or by complex formation; or increase $[OH^-]$ by addition of a strong base such as NaOH.

(c) If NH_3 or OH^- were decreased close to zero.

2-42 (a) $[Mg^{2+}][OH^-]^2 = 9 \times 10^{-12}$

$[Mg^{2+}] = \dfrac{9 \times 10^{-12}}{(10^{-5})^2} = 9 \times 10^{-2}$ mol/l $= \underline{\underline{2,190}}$ mg/l

(b) $[Mg^{2+}] = \dfrac{9 \times 10^{-12}}{(10^{-3})^2} = 9 \times 10^{-6}$ mol/l $= \underline{\underline{0.2}}$ mg/l

2-43 $[Cu^{2+}][OH^-]^2 = 2 \times 10^{-19}$

$[Cu^{2+}] = \dfrac{0.5}{63,500} = 7.86 \times 10^{-6}$

$[OH^-] = \left[\dfrac{2 \times 10^{-19}}{7.86 \times 10^{-6}}\right]^{1/2} = [2.55 \times 10^{-14}]^{1/2} = \underline{\underline{1.6 \times 10^{-7}}}$ mol/l

2-44
$$[Zn^{2+}][OH^-]^2 = 3 \times 10^{-17}$$
$$[Zn^{2+}] = \frac{1.0}{65,400} = 1.53 \times 10^{-5}$$
$$[OH^-] = \left[\frac{3 \times 10^{-17}}{1.53 \times 10^{-5}}\right]^{1/2} = [1.96 \times 10^{-12}]^{1/2} = 1.4 \times 10^{-6} \text{ mol/l}$$
$$pOH = \log \frac{1}{1.4 \times 10^{-6}} = 5.85$$
$$pH = 14 - 5.85 = \underline{8.15}$$

Zn will go back into solution as $ZnO_2^=$.

2-45 $\quad 0.03$ mg/l Fe $= \dfrac{0.03}{55,900} = 5.38 \times 10^{-7}$ mol/l

(a) $[Fe^{2+}][OH^-]^2 = 5 \times 10^{-15}$
$$[OH^-] = \left[\frac{5 \times 10^{-15}}{5.38 \times 10^{-7}}\right]^{1/2} = 9.6 \times 10^{-5}$$
$$pOH = \log \frac{1}{9.6 \times 10^{-5}} = 4.01$$
$$pH = \underline{10.0}$$

(b) $[Fe^{3+}][OH^-]^3 = 6 \times 10^{-38}$
$$[OH^-] = \left[\frac{6 \times 10^{-38}}{5.38 \times 10^{-7}}\right]^{1/3} = 4.8 \times 10^{-11}$$
$$pOH = \log \frac{10^{11}}{4.8} = 10.32$$
$$pH = 14 - 10.32 = \underline{3.7}$$

2-46 $\quad 0.01$ mg/l Mn $= \dfrac{0.01}{54,950} = 1.82 \times 10^{-7}$ mol/l

(a) $[Mn^{2+}][OH^-]^2 = 8 \times 10^{-14}$
$$[OH^-] = \left[\frac{8 \times 10^{-14}}{1.82 \times 10^{-7}}\right]^{1/2} = [44 \times 10^{-8}]^{1/2} = 6.6 \times 10^{-4}$$
$$pOH = \log \frac{10^4}{6.6} = 3.18$$
$$pH = 14 - 3.18 = \underline{10.82}$$

(b) $[Mn^{+2}][OH^-]^3 = 10^{-36}$
$$[OH^-] = \left[\frac{10^{-36}}{1.82 \times 10^{-7}}\right]^{1/3} = [5.5 \times 10^{-30}]^{1/3} = 1.8 \times 10^{-10}$$
$$pOH = \log \frac{10^{10}}{1.8} = 9.74$$
$$pH = 14 - 9.74 = \underline{4.26}$$

2-47
$$[F^-] = \frac{1}{19{,}000} = 5.26 \times 10^{-5}$$
$$[Ca^{2+}] = \frac{200}{40{,}000} = 5 \times 10^{-3}$$
$$[Ca^{2+}][F^-]^2 = (5)(5.26)^2 \times 10^{-3} \times 10^{-10} = 138 \times 10^{-13} = 1.38 \times 10^{-11}$$
$$K_{sp} = 3 \times 10^{-11}$$

Since $1.38 \times 10^{-11} < 3 \times 10^{-11}$, <u>fluoride will be soluble.</u>

2-48
$$[Ca^{2+}]^3[PO_4^{\equiv}]^2 = 1 \times 10^{-27}$$
$$[Ca^{2+}] = \left[\frac{1 \times 10^{-27}}{(10^{-5})^2}\right]^{1/3} = [10^{-15}]^{1/3} = 10^{-5}$$
$$10^{-5} \times 40{,}000 = \underline{0.4} \text{ mg/l } Ca^{2+}$$

2-49 M.W. $CO_3^{\equiv} = 60$

$$[CO_3^{\equiv}] = \frac{100}{60{,}000} = 1.67 \times 10^{-3}$$

(a) $[Ca^{2+}][CO_3^{\equiv}] = 5 \times 10^{-9}$

$$[Ca^{2+}] = \frac{5 \times 10^{-9}}{1.67 \times 10^{-3}} = 3 \times 10^{-6}$$
$$Ca^{2+} = 3 \times 10^{-6} \times 40{,}000 = \underline{0.12} \text{ mg/l}$$

(b) $[Mg^{2+}][CO_3^{\equiv}] = 4 \times 10^{-5}$

$$[Mg^{2+}] = \frac{4 \times 10^{-5}}{1.67 \times 10^{-3}} = 2.4 \times 10^{-2}$$
$$Mg^{2+} = 2.4 \times 10^{-2} \times 24{,}300 = \underline{583} \text{ mg/l}$$

2-50 (a) $[Ag^+][Cl^-] = 3 \times 10^{-10}$

$$[Ag^+] = [Cl^-]$$
$$[Ag^+] = [3 \times 10^{-10}]^{1/2} = 1.73 \times 10^{-5}$$
$$Ag^+ = 1.73 \times 10^{-5} \times 107{,}900 = \underline{1.87} \text{ mg/l}$$

(b) $$\frac{[Ag(NH_3)_2^+][Cl^-]}{[NH_3]^2} = 5 \times 10^{-3}$$

Assume $[Ag(NH_3)_2^+] = [Cl^-]$

$$[Ag(NH_3)_2^+] = [(5 \times 10^{-3})(0.01)^2]^{1/2} = (5 \times 10^{-7})^{1/2} = 7.07 \times 10^{-4}$$
$$Ag = 7.07 \times 10^{-4}(107{,}900) = \underline{76} \text{ mg/l}$$

CHAPTER 3

3-1 $\quad CH_3CH_3(g) + 3\tfrac{1}{2} O_2(g) \rightarrow 2\, CO_2(g) + 3\, H_2O(g)$

$\Delta H°_{298}$ $\quad$ −84.68 $\quad\quad$ 0 $\quad\quad$ 2(−393.5) $\quad$ 3(−241.8)

$\Delta H°_{reax} = 2(−393.5) + 3(−241.8) − (−84.68) = \underline{-1{,}428}$ kJ/mol

3-2 $\quad H_2(g) + \tfrac{1}{2} O_2(g) \rightarrow H_2O(g)$

$\Delta H°_{298}$ $\quad$ 0 $\quad\quad$ 0 $\quad\quad$ −241.8

$\Delta H°_{reax} = -241.8 - 0 - 0 = \underline{-241.8}$ kJ/mol

3-3 $\quad 2H^+(aq) + SO_4^=(aq) + Ca^{2+}(aq) + 2OH^-(aq) \rightarrow 2H_2O(lq) + Ca^{2+}(aq) + SO_4^=(aq)$

$\quad\quad$ 2(0) $\quad$ −907.5 $\quad$ −543.0 $\quad$ 2(−230.0) $\quad$ 2(−285.9) $\quad$ −543.0 $\quad$ −907.5

$\Delta H°_{reax} = 2(-285.9) - 2(0) - 2(-230.0) = -111.80$ kJ/mol

Heat liberated $= \dfrac{10}{98}(111{,}800\text{ J}) = 11{,}408$ J/liter

Temp. rise $= \dfrac{11{,}408 \text{ J}/1000\text{ g}}{4.184 \text{ J/°C-g}} = 2.7°C$, or Final temp. $= 15 + 2.7 = \underline{17.7°C}$

3-4 (a) $\Delta H°_{reax} = 4.184[1000(100 - 20) + 1000(539.7)] = \underline{2{,}594}$ kJ/l

(b) $\quad CH_3COOH(aq) + 2\, O_2(g) \rightarrow 2\, CO_2(g) + 2\, H_2O(g)$

$\Delta H°_{298}$ $\quad$ −488.4 $\quad\quad$ 0 $\quad\quad$ 2(−393.5) $\quad$ 2(−241.8)

$\Delta H°_{reax} = 2(-241.8) + 2(-393.5) - (-488.4) = -781.9$ kJ

Heat from 30 g $= \dfrac{30}{60}(781.9) = \underline{391}$ kJ/l liberated

Insufficient heat liberated -- Ans. = $\underline{NO}$

3-5 (a) $\quad ZnS(c) \rightleftarrows Zn^{2+} + S^{2-}$

$\Delta G°_{298}$ $\quad$ −198.3 $\quad$ −142.2 $\quad$ 83.68 $\quad$ kJ/mol

$\Delta G_{reax} = 83.68 - 147.2 - (-198.3) = 134.78$ kJ/mol

$\Delta G°_{298} = -RT \ln K_{sp}$

$\ln K_{sp} = -\dfrac{134{,}780 \text{ J}}{(8.314 \text{ J/K-mol})(298 \text{ K})} = -54.40$

$K_{sp} = \underline{2.37 \times 10^{-24}}$

(b) Ignoring activity corrections,

$Q = [Zn^{2+}][S^{2-}] = 10^{-3}(10^{-3}) = 10^{-6}$

Since $Q \gg K_{sp}$, ZnS(c) is forming (ΔG_{reax} is positive !)

3-6 $Mg(OH)_2(c) \rightleftarrows Mg^{2+} + 2OH^-$

–833.8	–456.0	–157.3	$\Delta G°_{298}$ (kJ/mol)
–924.7	–462.0	–230.0	$\Delta H°_{298}$ (kJ/mol)

$\Delta G°_{298} = -456.0 - 2(-157.3) - (-833.8) = 63.20$ kJ/mol

$\Delta H°_{298} = -462.0 - 2(230.0) - (-924.7) = 2.70$ kJ/mol

(a) $K_{sp} = e^{-\Delta G°/RT} = e^{-63,200/8.314(298)}$

$$K_{sp} = \underline{8.35 \times 10^{-12}}$$

(b) Since $\Delta H°$ is positive, dissolution is **ENDOTHERMIC**.

3-7 $CaCO_3(c) \rightleftarrows Ca^{2+} + CO_3^{2-}$

$\Delta G°_{298}$	–1,129	–553.0 –528.1
$\Delta H°_{298}$	–1,207	–543.0 –676.3

(a) $\Delta G°_{reax} = -528.1 - 553.0 - (-1,129) = +47.90$ kJ/mol

$\ln K_{sp} = -\dfrac{\Delta G°_{reax}}{RT} = -\dfrac{47,900 \text{ J}}{(8.314)(298)} = -19.33$

$K_{sp} = \underline{4.03 \times 10^{-9}}$

(b) $[CO_3^{2-}] = \dfrac{5 \text{ mg/l}}{60,000 \text{ mg/mol}} = 8.33 \times 10^{-5}$

$K_{sp} = [Ca^{2+}][CO_3^{2-}] \rightarrow [Ca^{2+}] = \dfrac{4.03 \times 10^{-9}}{8.33 \times 10^{-5}}$

$[Ca^{2+}] = 4.91 \times 10^{-5} = \underline{2.0 \text{ mg/l}}$

(c) $\Delta H°_{reax} = -676.3 - 543.0 - (-1,207) = -12.30$ kJ/mol

$\ln \dfrac{K_{sp}^{16}}{K_{sp}^{20}} = \dfrac{\Delta H°}{R}\left(\dfrac{1}{T_1} - \dfrac{1}{T_2}\right) = \dfrac{-12,300}{8.314}\left(\dfrac{1}{298} - \dfrac{1}{289}\right) = 0.155$

$K_{sp}^{16} = K_{sp}^{20}(1.168) = 4.03 \times 10^{-9}(1.168)$

$K_{sp}^{16} = \underline{4.71 \times 10^{-9}}$

(d) $[Ca^{2+}] = \dfrac{100}{40,000} = 2.50 \times 10^{-3}$ M

$[CO_3^{2-}] = \dfrac{10}{60,000} = 1.67 \times 10^{-4}$ M

$Q = [Ca^{2+}][CO_3^{2-}] = 2.50 \times 10^{-3}(1.67 \times 10^{-4})$

$Q = 4.18 \times 10^{-7}$

Since $Q > K_{sp}$, ΔG is positive and $CaCO_3(c)$ will precipitate.

3-8 (a) $\quad\quad\quad H_2S(g) \rightleftarrows H_2S(aq)$

$\Delta G^\circ_{298} \quad -33.01 \quad\quad -27.36$

$\Delta G^\circ_{reax} = -27.36 - (-33.01) = 5.65 \text{ kJ}$

$\ln K = -\dfrac{5{,}650}{8.314(298)} = -2.28 \quad\quad K = \underline{0.102} \text{ mol/liter-atm}$

(b) $\quad\quad\quad H_2S(g) \rightleftarrows H_2S(aq)$

$\Delta H^\circ_{298} \quad -20.17 \quad\quad -39.33$

$\Delta H^\circ_{reax} = -39.33 - (-20.17) = -19.16 \text{ kJ}$

$\ln \dfrac{K_{(10)}}{K_{(25)}} = -\dfrac{(-19{,}160)}{8.314}\left(\dfrac{25-10}{(298)(283)}\right) = 0.41$

$K_{(10)} = 0.102(1.506) = \underline{0.154} \text{ mol/liter-atm}$

3-9 $\quad\quad CO_2(g) \rightleftarrows CO_2(aq)$

$\Delta H^\circ_{298} \quad -393.5 \quad -412.9$

$\Delta H^\circ = -412.9 - (-393.5) = -19.40 \text{ kJ/mol}$

(a) From Example B in Section 3.2, $K = 0.0365$ @ 25°C

$\ln \dfrac{K_{20}}{K_{25}} = \dfrac{\Delta H^\circ}{R}\left(\dfrac{1}{T_1} - \dfrac{1}{T_2}\right) = \dfrac{-19{,}400}{8.314}\left(\dfrac{1}{298} - \dfrac{1}{293}\right) = 0.134$

$K_{20} = 0.0365(1.143) = \underline{0.0417}$

(b) $[CO_2] = \dfrac{2.2 \text{ mg/l}}{44{,}000 \text{ mg/mol}} = 5.0 \times 10^{-5}$ M

$Q = \dfrac{[CO_2]}{P_{CO_2}} = \dfrac{5 \times 10^{-5}}{10^{-3.5}} = 1.58 \times 10^{-1} = 0.158$

$Q > K$, reaction proceeding from right to left $\rightarrow CO_2$ <u>is volatilizing</u>

3-10 $\quad\quad CH_3COOH(aq) \rightleftarrows H^+(aq) + CH_3COO^-(aq)$

$\Delta G^\circ_{298} \quad -399.6 \quad\quad\quad\quad 0 \quad\quad -372.3$

$\Delta H^\circ_{298} \quad -488.4 \quad\quad\quad\quad 0 \quad\quad -488.9$

$\Delta G^\circ_{reax} = -372.3 - (-399.6) = 27.3 \text{ kJ}$

$\Delta H^\circ_{reax} = -488.9 - (-488.4) = -0.50 \text{ kJ}$

$\ln K_{(25)} = -\dfrac{27{,}300}{8.314(298)} = -11.0 \quad\quad K_{(25)} = \underline{1.7 \times 10^{-5}}$

$\ln \dfrac{K_{(35)}}{K_{(25)}} = -\dfrac{(500)}{(8.314)}\dfrac{(25-35)}{(298)(308)} = +0.0066$

$K_{(35)} = 1.0066(1.7 \times 10^{-5}) = \underline{1.7 \times 10^{-5}}$

3-11

$$NH_4^+ \rightleftharpoons NH_3 + H^+$$

	NH_4^+	NH_3	H^+
$\Delta G°_{298}$	−79.50	−26.65	0
$\Delta H°_{298}$	−132.8	−80.83	0

$\Delta G°_{reax} = -0 - 26.65 - (-79.50) = 52.85$ kJ/mol
$\Delta H°_{reax} = -0 - 80.83 - (-132.8) = 51.97$ kJ/mol

(a) $\ln K = -\dfrac{\Delta G°}{RT} = -\dfrac{52,850}{8.314(298)} = -21.33$

$K = \underline{\underline{5.45 \times 10^{-10}}}$ @ 25°C

$\ln \dfrac{K^{10}}{K^{25}} = \dfrac{\Delta H°}{R}\left(\dfrac{1}{T_1} - \dfrac{1}{T_2}\right) = \dfrac{51,970}{8.314}\left(\dfrac{1}{298} - \dfrac{1}{283}\right) = -1.112$

$K^{10} = K^{25}(0.329)$

$K = \underline{\underline{1.79 \times 10^{-10}}}$ @ 10°C

(b) $K = \dfrac{[NH_3][H^+]}{[NH_4^+]} \rightarrow \dfrac{[NH_3]}{[NH_4^+]} = \dfrac{K}{[H^+]}$

@ 25°C $\rightarrow \dfrac{[NH_3]}{[NH_4^+]} = \dfrac{5.45 \times 10^{-10}}{1 \times 10^{-7}} = 5.45 \times 10^{-3}$

@ 10°C $\rightarrow \dfrac{[NH_3]}{[NH_4^+]} = \dfrac{1.79 \times 10^{-10}}{1 \times 10^{-7}} = 1.79 \times 10^{-3}$

NH_3 concentration, relative to NH_4^+, decreases by a factor of about 3 as T decreases from 25°C to 10°C.

3-12

$$H_2S(aq) \rightleftharpoons H^+(aq) + HS^-(aq)$$

	$H_2S(aq)$	$H^+(aq)$	$HS^-(aq)$
$\Delta G°$	−27.36	0	12.59
$\Delta H°$	−39.33	0	−17.66

$\Delta G° = (12.59) - (-27.36) = 39.95$ kJ
$\Delta H° = (-17.66) - (-39.33) = 21.67$ kJ

$\ln K_{(25)} = -\dfrac{39,950}{8.314(298)} = -16.1 \qquad K_{(25)} = 1 \times 10^{-7}$

$\ln \dfrac{K_{(35)}}{K_{(25)}} = -\dfrac{(21,670)}{(8.314)}\dfrac{(25-35)}{(298)(308)} = 0.284 \quad \dfrac{K_{(35)}}{K_{(25)}} = 1.33$

$K_{(35)} = 1.33(1 \times 10^{-7}) = \underline{\underline{1.33 \times 10^{-7}}}$

3-13
$$4\,Fe^{2+}(aq) + O_2(g) + 4\,H^+(aq) \rightleftarrows 4\,Fe^{3+}(aq) + 2\,H_2O\,(lq)$$

$\Delta G°_{298}$ −84.94   0   0   −10.54   −237.2

(a) $\Delta G° = -4(10.54) - 2(-237.2) - (4(-84.94)) = -176.8$ kJ/mol

$K = e^{-\Delta G°/RT} = e^{-(-176,800)/[8.314(298)]} \rightarrow K = \underline{9.80 \times 10^{30}}$ @ 25°C

(b) $[Fe^{2+}] + [Fe^{3+}] = \dfrac{1\,mg/l}{55,850\,mg/mol} = 1.79 \times 10^{-5}$ M

$$K = \dfrac{[Fe^{3+}]^4}{[Fe^{2+}]^4\,P_{O_2}[H^+]^4}$$

so $\dfrac{[Fe^{3+}]}{[Fe^{2+}]} = (K(P_{O_2})[H^+]^4)^{1/4}$

$= ((9.80 \times 10^{30})(0.2095)(10^{-2})^4)^{1/4}$

$\dfrac{[Fe^{3+}]}{[Fe^{2+}]} = 3.79 \times 10^5$

$[Fe^{2+}] + [Fe^{3+}] = 1.79 \times 10^{-5}$ M

$[Fe^{2+}] + 3.79 \times 10^5 [Fe^{2+}] = 1.79 \times 10^{-5}$ M

$[Fe^{2+}] = \underline{4.72 \times 10^{-11}\,M}$ (2.64×10^{-6} mg/l)

$[Fe^{3+}] = \underline{1.79 \times 10^{-5}\,M}$ (1 mg/l)

3-14 (a) Aerobic: $\quad CH_3COO^-(aq) + 2O_2(g) \rightarrow HCO_3^-(aq) + H_2O(lq) + CO_2(g)$

$\Delta G°\quad -372.3 \quad 0 \quad -587.1 \quad -237.2 \quad -394.4$

$\Delta G° = (-587.1) + (-237.2) + (-394.4) - (-372.3) = -846.4$ kJ/mol

Anaerobic: $\quad CH_3COO^-(aq) + H_2O(lq) \rightarrow HCO_3^-(aq) + CH_4(g)$

$\Delta G°\quad -372.3 \quad -237.2 \quad -587.1 \quad -50.79$

$\Delta G° = (-587.1) + (-50.79) - (-372.3) - (-237.2) = -28.49$ kJ/mol

(b) The aerobic system, since more energy is available from waste decomposition.

3-15 (a)
$$4\,CH_3CH_2COO^-(aq) + 6\,H_2O\,(l) \rightleftarrows 7\,CH_4(g) + CO_2(g) + 4\,HCO_3^-(aq)$$

$\Delta G°_{298}\quad -366.0 \quad -237.2 \quad -50.79 \quad -394.4 \quad -587.1$

$\Delta G°_{reax} = 4(-587.1) - 394.4 - 7(50.79) - (6(-237.2) - 4(-366.0))$

$\Delta G°_{reax} = -211.1$ kJ/mol

Since $\Delta G°$ is negative, <u>reaction is favorable</u>

(b) $\quad CH_3CH_2COO^- + 2\,H_2O \rightleftarrows CH_3COO^- + 3\,H_2 + CO_2(g)$

$\Delta G°_{298}\quad -366.0 \quad -237.2 \quad -372.3 \quad 0 \quad -394.4$

(3-15) $\Delta G°_{reax} = -394.4 - 372.3 - (-2(237.2) - 366.0)$

$\Delta G°_{reax} = +73.70$ kJ/mol

Since $\Delta G°$ is positive, <u>reaction is not favorable</u>

3-16

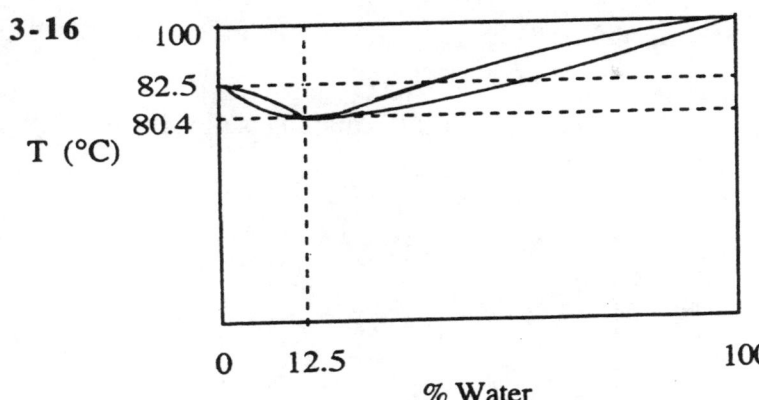

10,000 mg/l = 1% isopropyl alcohol

Class III mixture -- Residue contains pure water -- distillate would be mixture.
<u>Yes</u>, alcohol could be separated from water.

3-17

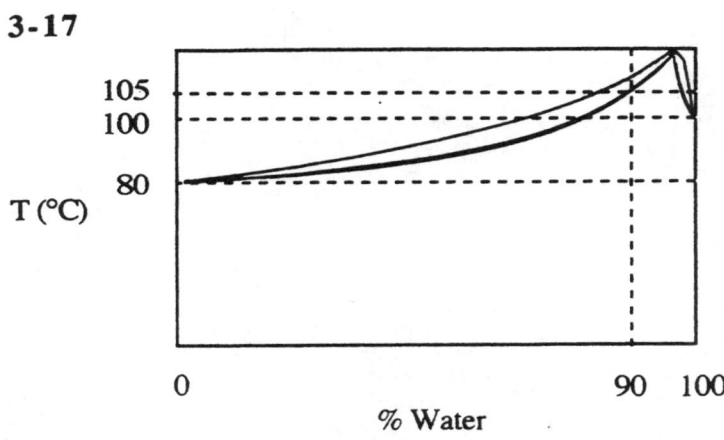

Class II mixture -- pure solvent obtained in distillate; however, residue contains solvent-water mixture.

∴ Pure solvent -- Yes. Pure water -- No.

3-18 (a)

$\frac{2.52}{3.52} = 0.716$

$CH_3CH_2CH_2CH_2OH$

$$\begin{array}{r} 48 \\ 10 \\ \underline{16} \\ MW = 74 \end{array}$$

3-6

(b) $\dfrac{90\text{ g}}{18}$ = 5 moles H$_2$O per $\dfrac{10}{74}$ or 0.135 moles alcohol

mole fraction H$_2$O = $\dfrac{5}{5.135}$ = 0.974

distillate -- 0.716 mole fraction of water
residue -- pure water

3-19 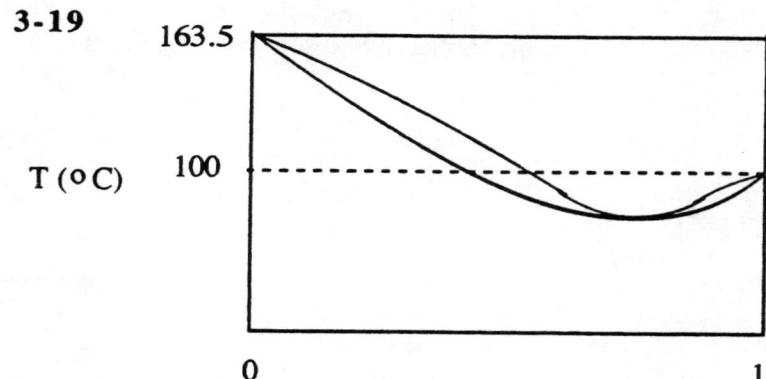 Must be Class III mixture as illustrated.

3-20 $\pi = CRT$

$C = 3(0.01) + 3(0.02) + 3(0.03) = 0.18$ moles of particles

At 25°C: $\pi = 0.18(0.08205)(298) = \underline{4.4}$ atm

3-21 (a) $\pi = \dfrac{RT}{V_A} \ln \dfrac{P_A^o}{P_A} = \dfrac{0.082(373)}{0.018} \ln \dfrac{760}{751.6}$

$= 1700(0.016) = \underline{19.7\text{ atm}}$

(b) Min. Energy $= \pi V = 19.7(1000)(3.78) = \underline{7.45 \times 10^4}$ l-atm

$= 7.45 \times 10^4$ l-atm $\times \dfrac{2.2\text{ lb}}{1} \times \dfrac{33.9\text{ ft}}{\text{atm}} = \underline{5.56 \times 10^6}$ ft-lb

$= 5.56 \times 10^6 \times \dfrac{1\text{ kilowatt-hr}}{2.655 \times 10^6\text{ ft-lb}} = \underline{2.1}$ kilowatt-hour

3-22 $K = \dfrac{C_s}{C_w} = \dfrac{12}{1} = 12$

$W_n = W_o \left(\dfrac{V_w}{KV_s + V_w}\right)^n$

$100 = 2000 \left(\dfrac{1}{12(0.2) + 1}\right)^n$

$(3.4)^n = 20$ $\qquad n \geq 2.45$ -- use $\underline{3}$ extractions

3-23 $K = \dfrac{9.56}{1.40} = 6.83$ on weight/weight basis

$$W_1 = 5000\left(\dfrac{2}{1(6.83)+2}\right)^1 = 5000\left(\dfrac{2}{8.83}\right) = \underline{1,130}\text{ mg/l}$$

3-24 100 mg/l $CaCl_2 = \dfrac{100}{20+35.1} = 1.815$ me/l $= 1.815 \times 10^{-3}$ equiv/l

75 mg/l $Na_2SO_4 = \dfrac{75}{23+48} = 1.056$ me/l $= 1.056 \times 10^{-3}$ equiv/l

$\Lambda_{CaCl_2} = 59.5 + 76.3 = 135.8$ S-cm^3/equiv.

$\Lambda_{Na_2SO_4} = 50.1 + 79.8 = 129.9$ S-cm^3/equiv

$\kappa = \dfrac{\Lambda N}{1000} = \dfrac{135.8 \times 1.815 \times 10^{-3}}{1000} + \dfrac{129.9 \times 1.056 \times 10^{-3}}{1000} = (247 + 137) \times 10^{-6}$

$= \underline{384}\ \mu S$

3-25 $\kappa = \dfrac{1,411.8\,(1000)}{3000} = 470.6\ \mu S$

$\Lambda_{MgCl_2} = 53.1 + 76.3 = 129.4$ S-cm^3/equiv

$N = \dfrac{1000(470.6)(10^{-6})}{129.4} = 3.64$ me/l

mg/l $= 3.64(12.15 + 35.1) = \underline{172}$ mg/l

3-26 $\Lambda_{CaCl_2} = 59.5 + 76.3 = 135.8$ S-cm^3/equiv

$N = \dfrac{1000(200)\,10^{-6}}{135.8} = 1.473$ me/l

Conc. $= 1.473\,(20 + 35.5) = \underline{81.8}$ mg/l

3-27 $CH_3COOH \rightleftarrows H^+ + CH_3COO^-$ $\dfrac{1000\text{ mg/l}}{60,000} = 0.0167$ equiv/l

0.0167 − X   X   X

$\dfrac{[X][X]}{0.0167 - X} = 1.75 \times 10^{-5}$ $[X] = 5.3 \times 10^{-4}$ equiv/l Ionized

$\Lambda_{CH_3COOH} = \Lambda_{H^+} + \Lambda_{CH_3COO^-} = 349.8 + 40.9 = 390.7$ S-cm^3/equiv

$\kappa = \dfrac{390.7\,(5.3 \times 10^{-4})}{1000} = 207 \times 10^{-6}$ S

3-28 $Q = 0.02(3600)(24) = 1728$ coulombs $= \dfrac{1728}{96,500}$ or 0.0179 equiv

Ag $= 0.0179\,(107.9) = \underline{1.93}$ g of silver into solution

3-29 $\frac{1}{2} H_2O \rightarrow \frac{1}{2} H_2 + \frac{1}{4} O_2$

equiv $= \frac{1 \times 3600}{96,500} = 0.0373$

Volume $H_2 = \frac{1}{2}$ mole $\times 0.0373 \times 22.4 = 0.418$ liters

Volume $O_2 = \frac{1}{4}$ mole $\times 0.0373 \times 22.4 = 0.209$ liters

3-30

	$\mathcal{E}^o$	
$Mg \rightarrow Mg^{2+} + 2e^-$	2.37	
$Al \rightarrow Al^{+3} + 3e^-$	1.66	Aluminum, magnesium, and zinc act in sacrificial manner
$Zn \rightarrow Zn^{2+} + 2e^-$	0.763	
$Fe \rightarrow Fe^{2+} + 2e^-$	0.441	
$Sn \rightarrow Sn^{2+} + 2e^-$	0.136	
$Pb \rightarrow Pb^{2+} + 2e^-$	0.126	Do not act in sacrificial manner
$Cu \rightarrow Cu^{2+} + 2e^-$	-0.337	
$Ag \rightarrow Ag^+ + e^-$	-0.799	

3-31

$$\begin{array}{rcl} & & \mathcal{E}^o \\ Zn & \rightarrow Zn^{2+} + 2e^- & 0.763 \\ Fe^{2+} + 2e^- & \rightarrow Fe & -0.441 \\ \hline Zn + Fe^{2+} & \rightarrow Fe + Zn^{2+} & 0.322 \end{array}$$

$\mathcal{E} = \mathcal{E}^o - \frac{RT}{zF} \ln \frac{[Fe][Zn^{2+}]}{[Zn][Fe^{2+}]}$ $[Fe] = [Zn] = 1$

$[Zn^{2+}] = \frac{2}{65.4} = 3.06 \times 10^{-2}$

$[Fe^{2+}] = \frac{5 \times 10^{-3}}{55.8} = 8.96 \times 10^{-5}$

$\mathcal{E} = 0.322 - \frac{8.314(298)}{2(96,500)} \ln \frac{[3.06 \times 10^{-2}]}{[8.96 \times 10^{-5}]}$

$= 0.322 - 0.0128 \ln 342 = 0.322 - 0.075 = 0.247$ volts

Since $\mathcal{E}$ is +, reaction proceeds as written: Zn goes into solution, Fe^{2+} plates out on iron bar.

3-32

$$\begin{array}{rcl} & & \mathcal{E}^o \\ Mg(OH)_2 + 2e^- & \rightarrow Mg + 2\,OH^- & -2.69 \\ Mg & \rightarrow Mg^{2+} + 2e^- & 2.37 \\ \hline \text{Net:}\quad Mg(OH)_2 & \rightarrow Mg^{2+} + 2\,OH^- & -0.32 \end{array}$$

$\mathcal{E}^o = \frac{RT}{zF} \ln K$ $\ln K = \frac{-0.32(2)(96,500)}{8.314(298)} = -24.9$

$K = \frac{1}{10^{10.83}} = \underline{1.5 \times 10^{-11}} = [Mg^{2+}][OH^-]^2$

3-33 $\ln \frac{C_o}{C} = kt = k(10) = \ln \frac{1.00}{0.64} = 0.446$ $k = 0.0446/hr$ or

$\ln \frac{1.00}{0.41} = 20k = 0.891$ $k = 0.0446/hr$ (avg. = 0.0446/hr)

$\ln \frac{1.00}{0.01} = 0.0446 t = 4.61$ $t = \frac{4.61}{0.0446} = \underline{103}$ hr

3-34 Let D = dissolved oxygen deficit

$\frac{dD}{dt} = -kD \rightarrow \ln \frac{D}{D_o} = -kt$ (D = $D_o e^{-kt}$)

$t = \frac{10 \text{ mi}}{2 \text{ mi/hr}} = 5$ hr $\ln 4/6 = -5k \rightarrow k = 0.081$ hr^{-1}

Now, with $t = \frac{35 \text{ mi}}{2 \text{ mi/hr}} = 17.5$ hr

$D = D_o e^{-kt} = 6 e^{-17.5(0.081)}$

$D = \underline{1.45}$ mg/l

3-35 $k = \frac{0.693}{t_{1/2}} = \frac{0.693}{14.3 \text{ days}} = 0.0485/\text{day}$

$\ln \frac{10}{0.3} = 0.0485 t = 3.50$

$t = \frac{3.50}{0.0485} = \underline{72.2}$ days

3-36 0-order: $\frac{dC}{dt} = -k \rightarrow \frac{C}{C_o} = -kt \rightarrow$ plot $\frac{C}{C_o}$ vs t

1st-order: $\frac{dC}{dt} = -kC \rightarrow \ln \frac{C}{C_o} = -kt \rightarrow$ plot $\ln \frac{C}{C_o}$ vs t

2nd-order: $\frac{dC}{dt} = -kC^2 \rightarrow \frac{1}{A} = \frac{1}{A_o} + kt \rightarrow$ plot $\frac{1}{A}$ vs t

<u>1st-order</u> because a plot of $\ln \frac{C}{C_o}$ vs t gives a straight line

$k = \underline{0.36}$ hr^{-1}

3-37

t (hr)	C (mg/l)	$\ln \frac{C}{C_o}$	$\frac{1}{C}$
0	100	0	0.010
0.5	61	−0.494	0.016
1	37	−0.994	0.027
2	14	−1.966	0.071
3	5	−2.996	0.200
5	0.67	−5.006	1.49

See plots next page: <u>1st-order</u> with $k = 1.0$ hr^{-1}

(3-37)

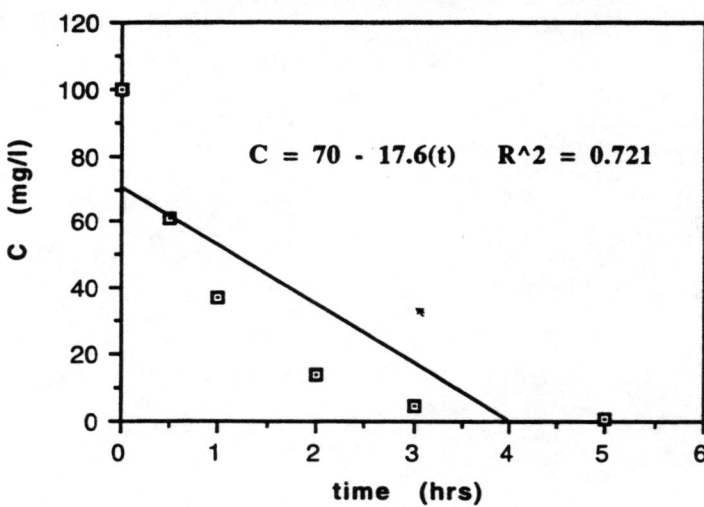

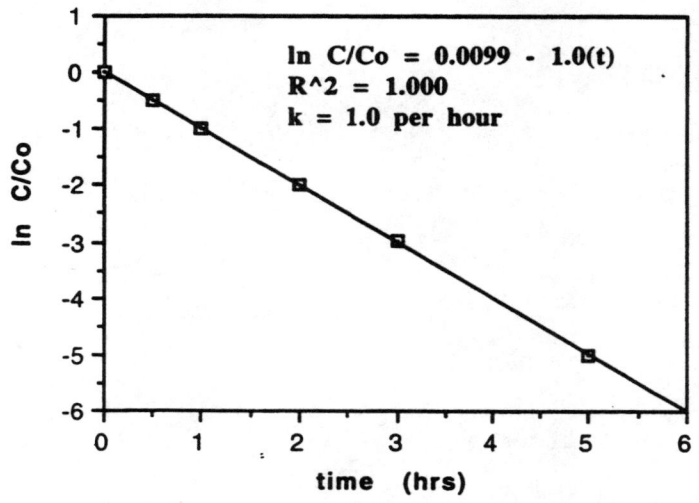

First-Order obviously best!

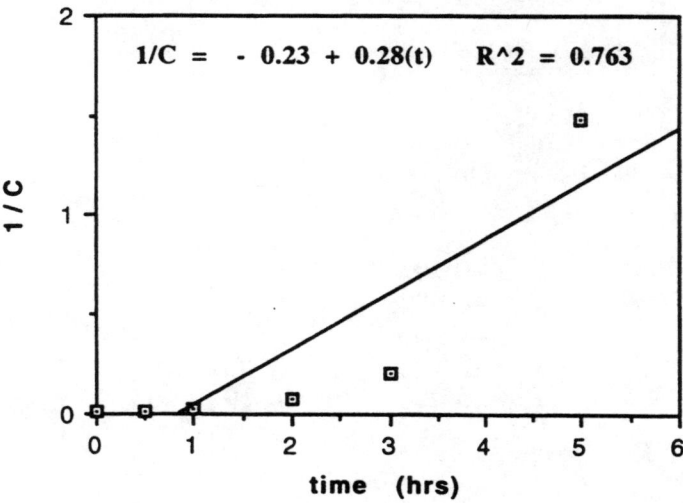

3-38 $k_{T_2} = K_{T_1} \theta^{T_2 - T_1}$

$K_{30} = 0.10(1.035)^{30-20}$

$k (@ 30°) = \underline{0.14} \text{ day}^{-1}$

$\theta = e^{E_a/R\, T_1 T_2}$

$\ln \theta = \dfrac{E_a}{R\, T_1 T_2} \rightarrow E_a = \ln \theta\, (R\, T_1 T_2)$

$E_a = (\ln 1.035)\left(8.314\, \dfrac{J}{K\text{-mol}}\right)(293)(303)$

$E_a = \underline{25{,}400}\text{ J/mol}$

3-39 To get pseudo-first-order constant, plot $\ln \dfrac{C}{C_o}$ vs t

t (hr)	C (mg/l)	$\ln \dfrac{C}{C_o}$
0	0.50	0
2	0.48	0.041
5	0.45	0.105
10	0.41	0.198
24	0.30	0.511
48	0.18	1.022

See plot below:

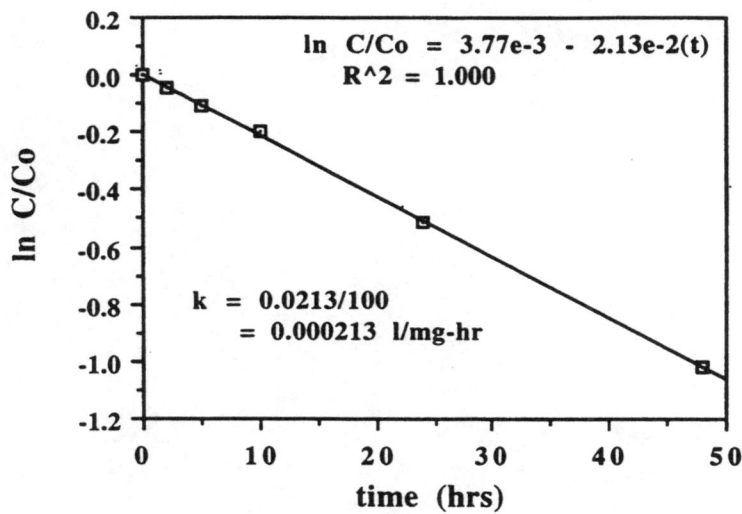

Cometabolic Biotransformation

$\ln C/C_o = 3.77\text{e-}3 - 2.13\text{e-}2(t)$
$R^2 = 1.000$

$k = 0.0213/100 = 0.000213 \text{ l/mg-hr}$

Pseudo-first-order $k = \underline{0.0213}\text{ hr}^{-1}$

Second-order $k = \dfrac{0.0213}{100 \text{ mg/l}} = \underline{\underline{2.13 \times 10^{-4}}}\, \dfrac{L}{\text{mg-hr}}$

3-40 See text.

3-41 $C = 4$, $X = 30 - 4 = 26$

$$\frac{X}{m} = k C^{1/n}$$

$$\frac{26}{m} = 0.5(4)^1 = 2$$

$$m = \frac{26}{2} = \underline{\underline{13.0}} \text{ mg/l}$$

CHAPTER 4

4-1 M.W. $NaNO_3$ = 23 + 14 + 3(16) = 85, M.W. $CaSO_4$ = 40 + 32 + 4(16) = 136

$[NaNO_3] = \dfrac{300}{85{,}000} = 3.53 \times 10^{-3}$ $[CaSO_4] = \dfrac{150}{136{,}000} = 1.10 \times 10^{-3}$

Ion	C	Z	CZ^2	γ	γC
Na^+	3.53×10^{-3}	1	3.53×10^{-3}	0.91	3.21×10^{-3}
NO_3^-	3.53×10^{-3}	1	3.53×10^{-3}	0.91	3.21×10^{-3}
Ca^{2+}	1.10×10^{-3}	2	4.40×10^{-3}	0.69	0.76×10^{-3}
SO_4^{2-}	1.10×10^{-3}	2	4.40×10^{-3}	0.69	0.76×10^{-3}

$\Sigma\, C_i Z_i^2 = 15.86 \times 10^{-3}$

$\mu = \tfrac{1}{2} \Sigma\, C_i Z_i^2 = 7.93 \times 10^{-3}$

$\log \gamma = -0.5\, Z^2 \dfrac{\sqrt{\mu}}{1 + \sqrt{\mu}} = -0.5\, \dfrac{\sqrt{7.93 \times 10^{-3}}}{1 + \sqrt{7.93 \times 10^{-3}}}\, Z^2$

$= -0.0409\, Z^2$ $= -0.0409$ (Z = 1)
 $= -0.1635$ (Z = 2)

$\gamma = 0.91$ (Z = 1) $= 0.69$ (Z = 2)

4-2

Ion	C	Z	CZ^2	γ	γC
Na^+	$75/23{,}000 = 3.26 \times 10^{-3}$	1	3.26×10^{-3}	0.92	3.0×10^{-3}
Ca^{2+}	$25/40{,}000 = 0.625 \times 10^{-3}$	2	1.25×10^{-3}	0.73	4.6×10^{-4}
Mg^{2+}	$10/24{,}300 = 0.412 \times 10^{-3}$	2	0.824×10^{-3}	0.73	3.0×10^{-4}
Cl^-	$125/35{,}500 = 3.52 \times 10^{-3}$	1	3.52×10^{-3}	0.92	3.2×10^{-3}
HCO_3^-	$50/61{,}000 = 0.82 \times 10^{-3}$	1	0.82×10^{-3}	0.92	7.5×10^{-4}
SO_4^{2-}	$48/96{,}000 = 0.5 \times 10^{-3}$	2	1.0×10^{-3}	0.73	3.6×10^{-3}

$\Sigma\, C_i Z_i^2 = 10.7 \times 10^{-3}$

$\mu = \tfrac{1}{2} \Sigma\, C_i Z_i^2 = 5.35 \times 10^{-3}$

$\log \gamma = -0.5\, Z^2 \dfrac{\sqrt{\mu}}{1 + \sqrt{\mu}} = -0.5\, \dfrac{\sqrt{5.35 \times 10^{-3}}}{1 + \sqrt{5.35 \times 10^{-3}}}\, Z^2$

$= -0.034\, Z^2$ $= -0.034$ (Z = 1)
 $= -0.136$ (Z = 2)

$\gamma = 0.92$ (Z = 1) $= 0.73$ (Z = 2)

4-3 $CH_3CH_2COOH \rightleftharpoons CH_3CH_2COO^- + H^+$ Similar to acetic acid.

Using Eq. 4.9 and ignoring activity corrections:

$$[H^+]^3 + K_A[H^+]^2 - (K_A C + K_W)[H^+] - K_A K_W = 0$$

$$K_A = 1.3 \times 10^{-5}, \quad K_W = 10^{-14}, \quad C = 10^{-3}$$

$$X^3 + 1.3(10^{-5})X^2 - (1.3 \times 10^{-8})X - 1.3(10^{-19}) = 0$$

By trial and error,

$$X = [H^+] = 1.077 \times 10^{-4}$$

Eq. 4.7:
$$[Pr^-] = [H^+] - K_W/[H^+] = 1.077 \times 10^{-4}$$

$$[HPr] = C - [Pr^-] = 8.92 \times 10^{-4}$$

$$[OH^-] = K_W/[H^+] = 9.29 \times 10^{-11}$$

4-4 Ammonia added to water, reaction as in Table 4.2

$$NH_3 + H_2O \rightleftharpoons NH_4^+ + OH^- \qquad (K_B = 1.8 \times 10^{-5})$$

$$H^+ + OH^- \rightleftharpoons H_2O \qquad (K_W = 10^{-14})$$

$$C = 10^{-2}$$

$$[NH_3] + [NH_4^+] = 10^{-2} \tag{A}$$

$$\frac{[NH_4^+][OH^-]}{[NH_3]} = 1.8(10^{-5}) \tag{B}$$

$$[H^+][OH^-] = 10^{-14} \tag{C}$$

$$[NH_4^+] + [H^+] = [OH^-] \tag{D}$$

Since NH_3 is a base, assume $[OH^-] \gg [H^+]$

Thus, $\quad [NH_4^+] \approx [OH^-] \tag{E}$

Combining Eqs. A, B, and E:

$$\frac{[OH^-][OH^-]}{1.8(10^{-5})} + [OH^-] = 10^{-2} \qquad [OH^-]^2 + 1.8(10^{-5})[OH^-] - 1.8(10^{-7}) = 0$$

$$[OH^-] = \frac{-1.8(10^{-5}) \pm \sqrt{[1.8(10^{-5})]^2 - 4[-1.8(10^{-7})]}}{2} = \underline{4.2(10^{-4})}$$

$$[H^+] = \frac{10^{-14}}{4.2(10^{-4})} = \underline{2.4(10^{-11})} \qquad \therefore [OH^-] \gg [H^+]$$

Assumption OK

$$[NH_4^+] = [OH^-] = \underline{4.2(10^{-4})}$$

$$[NH_3] = 10^{-2} - 4.2(10^{-4}) = \underline{9.6(10^{-3})}$$

4-5 (a) 10^{-4} M HCl $= C_T$

Charge balance: $[H^+] = [OH^-] + [Cl^-]$

when $C_T = 10^{-4}$ and $[H] \gg [OH^-]$

so, $[H^+] = [Cl^-] = 10^{-4}$ pH = **4.00**

(b) 10^{-8} M HCl $= C_T$

Mass balance: $C_{T,Cl} = 10^{-8} = [Cl^-] + [HCl]$

Charge balance: $[H^+] = [OH^-] + [Cl^-]$

$$[H^+] = \frac{K_w}{[H^+]} + [Cl^-]$$

Try assuming $[Cl^-] = 10^{-8}$

Now, $[H^+] - \frac{K_w}{[H^+]} = 10^{-8}$

Rearranging, $[H^+]^2 - 10^{-8}[H^+] - 10^{-14} = 0$

Solving using quadratic equation gives

$[H^+] = 1.05 \times 10^{-7}$ pH = **6.98**

Now, check assumption: $1 \times 10^3 = \frac{[H^+][Cl^-]}{[HCl]}$

$$[HCl] = \frac{(10^{-6.98})(10^{-8})}{1 \times 10^3} = 1.05 \times 10^{-18}$$

so, $[Cl^-] = 10^{-8}$ M was good assumption

4-6 (a) $C_T = 10^{-4}$ M NaOH

Strong base: $[OH^-] \gg [H^+]$

Charge balance: $[Na^+] + [H^+] = [OH^-]$

so, $[Na^+] = [OH^-] = 10^{-4}$ pH = **10.0**

(b) $C_T = 10^{-8}$ M NaOH

Cannot assume $[OH^-] \gg [H^+]$

but can assume $[Na^+] = 10^{-8}$ M

Now, $10^{-8} + [H^+] = \frac{K_w}{[H^+]}$

Rearranging, $[H^+]^2 + 10^{-8}[H^+] - 10^{-14} = 0$

Solving using quadratic equation gives

$[H^+] = 9.51 \times 10^{-8}$ pH = **7.02**

4-7 General solution for weak acids:

$$C_T = [HA] + [A^-] \qquad K_A = \frac{[A^-][H^+]}{[HA]}$$

Charge balance: $\qquad [H^+] = [OH^-] + [A^-]$

For weak acids: $\qquad [H^+] \gg [OH^-]$ and $[H^+] \approx [A^-]$

Let $\quad [H^+] = [A^-] = x$

Now, $K_A = \dfrac{x^2}{C_T - x}$

or $\quad x^2 + K_A x - K_A C_T = 0$

Solving: $\qquad [H^+] = x = \dfrac{-K_A \pm \sqrt{(K_A)^2 + 4 K_A C_T}}{2}$

(a) $\quad C_T = \dfrac{100 \text{ mg/l}}{60{,}000 \text{ mg/mol}} = 1.67 \times 10^{-3} M \qquad\qquad (CH_3COOH)$

$K_A = 1.8 \times 10^{-5}$

$$[H^+] = \frac{-1.8 \times 10^{-5} \pm \sqrt{(1.8 \times 10^{-5})^2 + 4(1.8 \times 10^{-5})(1.67 \times 10^{-3})}}{2}$$

$[H^+] = 1.64 \times 10^{-4} \qquad\qquad\qquad \text{pH} = \underline{3.78}$

($\quad C_T = \dfrac{100 \text{ mg/l}}{52{,}500 \text{ mg/mol}} = 1.90 \times 10^{-3} M \qquad\qquad (HOCl)$

$K_A = 2.9 \times 10^{-8}$

$$[H^+] = \frac{-2.9 \times 10^{-8} \pm \sqrt{(2.9 \times 10^{-8})^2 + 4(2.9 \times 10^{-8})(1.90 \times 10^{-3})}}{2}$$

$[H^+] = 7.41 \times 10^{-6} \qquad\qquad\qquad \text{pH} = \underline{5.13}$

(c) NH_3 is a weak base

Charge balance: $\quad [NH_4^+] + [H^+] = [OH^-]$

Need to make assumptions:

$\qquad$ adding base, $[OH^-] \gg [H^+]$
$\qquad$ so, $[NH_4^+] \approx [OH^-] = x$

$C_T = [NH_4^+] + [NH_3] = \dfrac{100 \text{ mg/l}}{17{,}000 \text{ mg/mol}} = 5.88 \times 10^{-3} M$

$K_B = 1.8 \times 10^{-5} = \dfrac{[NH_4^+][OH^-]}{[NH_3]} = \dfrac{x^2}{C_T - x}$

$[OH^-] = x = \dfrac{-K_B \pm \sqrt{(K_B)^2 + 4 K_B C_T}}{2}$

$$= \frac{-1.8 \times 10^{-5} \pm \sqrt{(1.8 \times 10^{-5})^2 + 4(1.8 \times 10^{-5})(5.88 \times 10^{-3})}}{2}$$

$[OH^-] = 3.16 \times 10^{-4} \qquad\qquad\qquad \text{pH} = \underline{10.50}$

(4-7) (d) $C_T = \dfrac{100 \text{ mg/l}}{27{,}000 \text{ mg/mol}} = 3.70 \times 10^{-3} M$ \hfill (HCN)

$K_A = 4.8 \times 10^{-10}$

$$[H^+] = \dfrac{-4.8 \times 10^{-10} \pm \sqrt{(4.8 \times 10^{-10})^2 + 4(4.8 \times 10^{-10})(3.70 \times 10^{-3})}}{2}$$

$[H^+] = 1.33 \times 10^{-6}$ \hfill pH = $\underline{5.88}$

4-8 (a) 50 mg/l $H_2CO_3 = \dfrac{50}{62{,}000} = 8.07 \times 10^{-4}$ mol/l = c

$pH = \tfrac{1}{2}(pK_A - \log c) = \tfrac{1}{2}(6.4 + 3.1) = \underline{4.8}$

(b) 50 mg/l $CH_3COONa = \dfrac{50}{82{,}000} = 6.1 \times 10^{-4}$ mol/l = c

$pH = pK_W - \tfrac{1}{2}pK_B + \tfrac{1}{2}\log c = 14 - \tfrac{1}{2}(9.3) + \tfrac{1}{2}(-3.2) = \underline{7.8}$

(c) 50 mg/l NOCl = $\dfrac{50}{74{,}500} = 6.7 \times 10^{-4}$ mol/l = c

$pK_B = pK_W - pK_A = 14 - 7.5 = 6.5$

$pH = 14 - \tfrac{1}{2}(6.5) - \tfrac{1}{2}(3.2) = \underline{9.2}$

(d) 50 mg/l $H_3PO_4 = \dfrac{50}{98{,}000} = 5.1 \times 10^{-4}$ mol/l = c

$pH = \tfrac{1}{2}(2.1 + 3.3) = 2.7$ -- no good by approximate solution

$[H^+] = [H_2PO_4^-] = \sqrt{K_A (5.1 \times 10^{-4} - [H_2PO_4^-])}$

$[H_2PO_4^-]^2 = 7.5(10^{-3})(5.1 \times 10^{-4}) - 7.5(10^{-3})(H_2PO_4^-)$

$[H^+] = [H_2PO_4^-] = \dfrac{-7.5 \times 10^{-3} \pm \sqrt{(7.5 \times 10^{-3})^2 + 4(7.5 \times 5.1)10^{-7}}}{2}$

$= \dfrac{-7.5 \times 10^{-3} + \sqrt{(56.2 + 15.3)10^{-6}}}{2}$

$= \dfrac{(-7.5 + 8.46)10^{-3}}{2} = 0.48 \times 10^{-3} = 4.8 \times 10^{-4}$

$pH = \log \dfrac{1}{4.8 \times 10^{-4}} = \underline{3.3}$

4-9 $\text{pH} = \text{pK}_A + \log\frac{(\text{salt})}{(\text{acid})}$ where NH_4^+ = acid, NH_3 = salt

$$\text{pK}_A = 14 - \text{pK}_B = 14 - 4.74 = 9.26$$

$$7.4 = 9.26 + \log\frac{(\text{NH}_3)}{(\text{NH}_4^+)}$$

$$\log\frac{(\text{NH}_3)}{(\text{NH}_4^+)} = 7.4 - 9.26 = -1.9$$

$$\frac{(\text{NH}_3)}{(\text{NH}_4^+)} = 0.014$$

4-10 $\text{pH} = \text{pK}_A + \log\frac{(\text{salt})}{(\text{acid})} = 7.5 + \log\frac{(\text{OCl}^-)}{(\text{HOCl})}$

(a) $\text{pH} = 6.0$, $\log\frac{(\text{OCl}^-)}{(\text{HOCl})} = 6.0 - 7.5 = -1.5$

$$\frac{(\text{OCl}^-)}{(\text{HOCl})} = \frac{1}{31.6} \text{ or } \frac{0.032}{1}$$

(b) $\text{pH} = 7.0$, $\log\frac{(\text{OCl}^-)}{(\text{HOCl})} = 7.0 - 7.5 = -0.5$

$$\frac{(\text{OCl}^-)}{(\text{HOCl})} = \frac{1}{3.16} = \frac{0.032}{1}$$

(c) $\text{pH} = 8.0$, $\log\frac{(\text{OCl}^-)}{(\text{HOCl})} = 8.0 - 7.5 = 0.5$

$$\frac{(\text{OCl}^-)}{(\text{HOCl})} = \frac{3.16}{1}$$

4-11 $[\text{HCN}] = 10^{-6} \text{M}$
$[\text{CN}^-] = 10^{-5} - 10^{-6} = 9 \times 10^{-6} \text{M}$
$K_A = 4.8 \times 10^{-10}$

$$K_A = \frac{\{\text{H}^+\}\{\text{CN}^-\}}{\{\text{HCN}\}} \text{ and } \{\text{H}^+\} = 4.8 \times 10^{-10}\left(\frac{\{\text{HCN}\}}{\{\text{CN}^-\}}\right)$$

(a) $\mu = 0$, $\gamma = 1.0$, and $\{x\} = [x]$

$$[\text{H}^+] = 4.8 \times 10^{-10}\left(\frac{1 \times 10^{-6}}{9 \times 10^{-6}}\right) = 5.33 \times 10^{-11} \quad \text{pH} \leq \underline{10.27}$$

(b) $\mu = 0.10 \text{ M}$

$$-\log\gamma = 0.5(-1)^2\left(\frac{\sqrt{0.10}}{1 + \sqrt{0.10}}\right) = 0.120 \text{ and } \gamma = 10^{-0.120} = 0.758$$

$$\{\text{H}^+\} = 4.8 \times 10^{-10}\left[\frac{1 \times 10^{-6}}{0.758(9 \times 10^{-6})}\right] = 7.04 \times 10^{-11} \quad \text{pH} \leq \underline{10.15}$$

4-12 0.01 M HPr (HPr = CH_3CH_2COOH)

$K_A = 1.3 \times 10^{-5}$; given: $\mu = 0$ (ignore activity correction)

MB: $C_T = 0.01 = [HPr] + [Pr^-]$

CB: $[H^+] = [OH^-] + [Pr^-]$ ← (same)

PC: PRL – H_2O, HPr   (PRL = Proton Reference Level)

     $[H^+] = [OH^-] + [Pr^-]$ ← (same)

Use approximation -- make assumptions

Add as acid: $[H^+] \gg [OH^-]$

$\therefore [H^+] = [Pr^-] = x$

$K_A = 1.3 \times 10^{-5} = \dfrac{x^2}{0.01 - x}$

$x^2 + 1.3 \times 10^{-5} (x) - 1.3 \times 10^{-7} = 0$

$x = [H^+] = [Pr^-] = 3.54 \times 10^{-4}$ pH = __3.45__

Assumption OK -- $[H^+] \gg [OH^-]$!!

4-13 0.01 M NaPr → base → $pK_B = 14 - 4.89 = 9.11$

Given: $\mu = 0$ $K_B = 10^{-9.11} = 7.76 \times 10^{-10}$

MB: $C_T = 0.01 = [HPr] + [Pr^-]$

CB: $[H^+] + [Na^+] = [OH^-] + [Pr^-]$ $([Na^+] = 0.01)$

PC: PRL – H_2O, Pr^-

     $[H^+] + [HPr] = [OH^-]$

Assume: $[OH^-] \gg [H^+]$ (added base !)

$\therefore [HPr] \approx [OH^-]$ from PC

$K_B = 10^{-9.11} = \dfrac{x^2}{0.01 - x}$

$x^2 + 10^{-9.11}(x) - 0.01(10^{-9.11}) = 0$

$x = 2.79 \times 10^{-6} = [OH^-]$

$[H^+] = 3.59 \times 10^{-9}$ pH = __8.44__

Assumption OK -- $[OH^-] \gg [H^+]$ $\left(\dfrac{[OH^-]}{[H^+]} = 777\right)$

4-14 MB: $C_{T,K} = [K^+] = 0.001$ M

     $C_{T,AsO_4} = 0.001$ M $= [H_3AsO_4] + [H_2AsO_4^-] + [HAsO_4^{2-}] + [AsO_4^{3-}]$

CB: $[K^+] + [H^+] = [OH^-] + [H_2AsO_4^-] + 2[HAsO_4^{2-}] + 3[AsO_4^{3-}]$

PC: PRL – H_2O, $H_2AsO_4^-$

     $[H^+] + [H_3AsO_4] = [OH^-] + [HAsO_4^{2-}] + 2[AsO_4^{3-}]$

(4-14) Must make assumptions:

$$[H_2AsO_4^-] + H_2O \rightleftarrows HAsO_4^{2-} + H_3O^+ \quad pK_{A2} = 6.98$$

$$[H_2AsO_4^-] + H_2O \rightleftarrows H_3AsO_4 + OH^- \quad pK_{B1} = (14 - 2.22) = 11.78$$

∴ $H_2AsO_4^-$ is a stronger acid than a base!

So, $[H^+] \gg [OH^-]$ and $[HAsO_4^{2-}] > [H_3AsO_4]$

Also assume $[AsO_4^{3-}] \approx 0$ (2 equilibria away)

So, from PC: $[H^+] \approx [HAsO_4^{2-}] = x$

and $K_{A2} = 10^{-6.98} = \dfrac{[H^+][HAsO_4^{2-}]}{[H_2AsO_4^-]} = \dfrac{x^2}{0.001 - x}$ (from MB).

gives $x^2 + 1.05 \times 10^{-7}(x) - 1.05 \times 10^{-10} = 0$

Use quadratic to solve:

$$x = \dfrac{-1.05 \times 10^{-7} \pm \sqrt{(1.05 \times 10^{-7})^2 - 4(1)(-1.05 \times 10^{-10})}}{2}$$

$x = [H^+] = [HAsO_4^{2-}] = 1.02 \times 10^{-5} M \quad pH = \underline{4.99}$

Check main assumption: $[H^+] \gg [OH^-]$ OK!

The following is a check of the % error:

$$[H_3AsO_4] = 0.001 \left[1 + \dfrac{K_{A1}}{[H^+]} + \dfrac{K_{A1}K_{A2}}{[H^+]^2} + \dfrac{K_{A1}K_{A2}K_{A3}}{[H^+]^3} \right]^{-1}$$

$$[H_2AsO_4^-] = \dfrac{[H_3AsO_4] K_{A1}}{[H^+]}$$

$$[HAsO_4^{2-}] = \dfrac{[H_2AsO_4^-] K_{A2}}{[H^+]}$$

$$[AsO_4^{3-}] = \dfrac{[HAsO_4^{2-}] K_{A3}}{[H^+]}$$

Check PC:

$$[H^+] + [H_3AsO_4] = [OH^-] + [HAsO_4^{2-}] + 2[AsO_4^{3-}]$$

pH	% error $= \left(1 - \dfrac{\text{right}}{\text{left}}\right) 100$
4.99	+ 15.1 %
5.01	+ 6.9 %
5.03	− 2.0 %
5.02	+ 2.6 %
<u>5.025</u>	<u>+ 0.3 %</u>

4-15 $C_T = \dfrac{100 \text{ mg/l}}{120{,}000 \text{ mg/mol}} = 8.33 \times 10^{-4} M$

Since C_T is small, ignore activity corrections (can check this assumption later).

MB: $C_T = 8.33 \times 10^{-4} = [H_3PO_4] + [H_2PO_4^-] + [HPO_4^{2-}] + [PO_4^{3-}]$

CB: $[Na^+] + [H^+] = [OH^-] + [H_2PO_4^-] + 2[HPO_4^{2-}] + 3[PO_4^{3-}]$

PC: PRL – $H_2, H_2PO_4^-$

$[H_3PO_4] + [H^+] = [OH^-] + [HPO_4^{2-}] + 2[PO_4^{3-}]$

$K_{A1} = 7.5 \times 10^{-3}$ (pK_{A1} = 2.12, pK_{B1} = 11.88)

$K_{A2} = 6.2 \times 10^{-8}$ (pK_{A2} = 7.21, pK_{B2} = 6.79)

$K_{A3} = 4.8 \times 10^{-13}$ (pK_{A3} = 12.32, pK_{B3} = 1.68)

Added as $H_2PO_4^-$:

(1) $H_2PO_4^- + H_2O \rightleftarrows H_3PO_4 + OH^-$ pK_{B1} = 11.88

(2) $H_2PO_4^- + H_2O \rightleftarrows HPO_4^{2-} + H_3O^+$ pK_{A2} = 7.21

∴ $H_2PO_4^-$ will act as acid and we can assume $[H^+] \gg [OH^-]$ and that

$[HPO_4^{2-}] \gg [H_3PO_4]$ [reaction (2) more likely to happen]

Also, $[PO_4^{3-}] \approx 0$ since "two equilibria" away.

So, from PC: $[H^+] \approx [HPO_4^{2-}] = x$ (ignoring activity corrections)

∴ $6.2 \times 10^{-8} = \dfrac{x^2}{8.33 \times 10^{-4} - x}$

or $x^2 + 6.2 \times 10^{-8}(x) - 5.16 \times 10^{-11} = 0$

$x = 7.15 \times 10^{-6} = [H^+] = [HPO_4^{2-}]$ pH = __5.15__

$[H^+] = [HPO_4^{2-}] = 7.15 \times 10^{-6}$ $[OH^-] = 140 \times 10^{-9}$

$[H_2PO_4^-] = 8.25 \times 10^{-4}$ $[H_3PO_4] = 7.8 \times 10^{-7}$

$[PO_4^{3-}] = 4.8 \times 10^{-13}$

Now, check assumptions and % error.

$[H^+] \gg [OH^-]$ OK.!!

% error = $\left(1 - \dfrac{\text{right}}{\text{left}}\right) 100$

MB: $8.33 \times 10^{-4} = 7.87 \times 10^{-7} + 8.25 \times 10^{-4} + 7.15 \times 10^{-6} + 4.8 \times 10^{-13}$

% error = 0.01%

CB: $8.33 \times 10^{-4} + 7.15 \times 10^{-6} = 1.40 \times 10^{-9} + 8.25 \times 10^{-4} + 2(7.15 \times 10^{-6}) + 3(4.8 \times 10^{-13})$

% error = –0.10 %

PC: $7.87 \times 10^{-7} + 7.15 \times 10^{-6} = 1.40 \times 10^{-9} + 7.15 \times 10^{-6} + 2(4.8 \times 10^{-13})$

% error = 9.9 %

(4-15) If acceptable error is ≤ 10%   OK!

If acceptable error is ≤ 5%   Need to increase pH slightly, which causes [H$^+$] and [H$_3$PO$_4$] to decrease, while [OH$^-$] and [HPO$_4^{2-}$] will increase.

Try pH = 5.17: [H$^+$] = 6.76 × 10^{-6} and [OH$^-$] = 1.48 × 10^{-9}

now, $[H_3PO_4] = 8.33 \times 10^{-4} \left(1 + \dfrac{K_{A1}}{[H^+]} + \dfrac{K_{A1}K_{A2}}{[H^+]^2} + \dfrac{K_{A1}K_{A2}K_{A3}}{[H^+]^3}\right)^{-1}$

[H$_3$PO$_4$] = 7.43 × 10^{-7}
[H$_2$PO$_4^-$] = 8.24 × 10^{-4}
[HPO$_4^{2-}$] = 7.56 × 10^{-6}
[PO$_4^{3-}$] = 5.37 × 10^{-13}

PC: 7.43 × 10^{-7} + 6.76 × 10^{-6} = 1.48 × 10^{-9} + 7.56 × 10^{-6} + 2(5.37 × 10^{-13})

% error ≈ −0.78 %, so   pH ≈ __5.17__

* Need to check errors and assumptions thoroughly !!

4-16 $C_T = 0.01\ M = [H_2CO_3^*] + [HCO_3^-] + [CO_3^{2-}]$

$K_{A1} = \dfrac{\{HCO_3^-\}\{H^+\}}{\{H_2CO_3\}}$, $K_{A2} = \dfrac{\{CO_3^{2-}\}\{H^+\}}{\{HCO_3^-\}}$, $K_w = \{OH^-\}\{H^+\}$

(a) Assume μ = 0 and T = 25°C

pK$_w$ = 14.0   pK$_{A1}$ = 6.37   pK$_{A2}$ = 10.33

CB: [NA$^+$] + [H$^+$] = [OH$^-$] + [HCO$_3^-$] + 2[CO$_3^{2-}$]
↑
0.02

PC: PRL − H$_2$O, CO$_3^{2-}$

[H$^+$] + 2 [H$_2$CO$_3^*$] + [HCO$_3^-$] = [OH$^-$]

Assume [H$_2$CO$_3^*$] ≈ 0 (2 equilibria away)

Added base: [OH$^-$] >> [H$^+$]

∴ from PC: [HCO$_3^-$] ≅ [OH$^-$] = x

So, $K_{b2} = 10^{-3.67} = \dfrac{[OH^-][HCO_3^-]}{[CO_3^{2-}]} = \dfrac{x^2}{0.01 - x}$

x^2 + 10$^{-3.67}$(x) − (0.01)(10$^{-3.67}$)

x = 1.36 × 10^{-3} = [OH$^-$] = [HCO$_3^-$]   pH = __11.13__

(4-16) (b)   T = 25°C -- what is μ ? Use answer from (a) to estimate μ.

$[Na^+] = 0.02$, $[OH^-] = [HCO_3^-] = 1.36 \times 10^{-3}$

$[CO_3^{2-}] = 0.01 - 1.36 \times 10^{-3} = 8.64 \times 10^{-3}$

$\mu = 0.5\left(0.02(1)^2 + 1.36 \times 10^{-3}(1)^2 + 1.36 \times 10^{-3}(1)^2 + 8.64 \times 10^{-3}(2)^2\right)$

$\mu = 2.86 \times 10^{-2} M$

$-\log \gamma_{\pm 1} = \dfrac{(0.5)(1)^2(\sqrt{\mu})}{1 + \sqrt{\mu}} = 0.072 \qquad\qquad \gamma_{\pm 1} = 0.85$

$-\log \gamma_{\pm 2} = \dfrac{(0.5)(2)^2(\sqrt{\mu})}{1 + \sqrt{\mu}} = 0.289 \qquad\qquad \gamma_{\pm 2} = 0.51$

$10^{-3.67} = \dfrac{(0.85x)(0.85x)}{0.51(0.01 - x)}$

$0.72 x^2 + 1.09 \times 10^{-4}(x) - 1.09 \times 10^{-6} = 0$

$x^2 + 1.51 \times 10^{-4}(x) - 1.51 \times 10^{-6} = 0$

$x = 1.16 \times 10^{-3} = [OH^-] = [HCO_3^-]$

$\{OH^-\} = 0.85(1.16 \times 10^{-3}) = 9.86 \times 10^{-4}$

$\{H^+\} = \dfrac{10^{-14}}{9.86 \times 10^{-4}} = 1.01 \times 10^{-11} \qquad pH = \underline{10.99}$

Assumptions good since $\{OH^-\} \gg \{H^+\}$ and $\{H_2CO_3^*\} \approx 0$

(c)   T = 15°C -- assume $\mu = 2.86 \times 10^{-2} M$ as in part (b).

$pK_{A2} = 10.42 \qquad\qquad pK_{B2} = 14.34 - 10.42 = 3.92$

so, $10^{-3.92} = \dfrac{(0.85x)(0.85x)}{0.51(0.01 - x)}$

$0.72 x^2 + 6.13 \times 10^{-5}(x) - 6.13 \times 10^{-7} = 0$

$x^2 + 8.51 \times 10^{-5}(x) - 8.51 \times 10^{-7} = 0$

$x = 8.81 \times 10^{-5} = [OH^-]$

$\{OH^-\} = 0.85(8.81 \times 10^{-5}) = 7.49 \times 10^{-4}$

$\{H^+\} = \dfrac{10^{-14.34}}{7.49 \times 10^{-4}} = 6.10 \times 10^{-12} \qquad pH = \underline{11.21}$

Assumptions still good !!

4-17 (a) $C_T = [HOCl] + [OCl^-] = 0.02$

$[Ca^{2+}] = 0.01$

<u>CB</u>: $2[Ca^{2+}] (= 0.02) + [H^+] = [OH^-] + [OCl^-]$

<u>PC</u>: $PRL - H_2O$, OCl^-

(4-17) $$[H^+] + [HOCl] = [OH^-]$$

Add base; assume $[OH^-] \gg [H^+]$

$$\therefore [HOCl] \cong [OH^-] = x$$

$$K_B = \frac{[OH^-][HOCl]}{[OCl^-]} \qquad 10^{-6.5} = \frac{x^2}{0.02 - x}$$

$$x^2 + 10^{-6.5}(x) - 0.02(10^{-6.5}) = 0$$

$$x = [OH^-] = [HOCl] = 7.94 \times 10^{-5} \qquad pH = \underline{9.90}$$

$$[OH^-] \gg [H^+] \qquad \text{Assumption OK}$$

Check CB: $0.02 + 10^{-9.9} = 10^{-4.1} + (0.02 - 10^{-4.1})$. Good assumption!

(b) Use answer from (a) to estimate μ.

$$[Ca^{2+}] = 0.01 \text{ M} \quad \text{and} \quad [OCl^-] = 0.02 \text{ M}$$

$$\mu = 0.5 \left(0.01(+2)^2 + (0.02)(-1)^2\right) = 0.03 \text{ M}$$

$$-\log \gamma_{\pm 1} = \frac{(0.5)(-1)^2(\sqrt{0.03})}{1 + \sqrt{0.03}} = 0.074 \qquad \gamma_{\pm 1} = 0.844$$

$$-\log \gamma_{\pm 2} = \frac{(0.5)(+2)^2(\sqrt{0.03})}{1 + \sqrt{0.03}} = 0.295 \qquad \gamma_{\pm 2} = 0.507$$

$$10^{-6.5} = \frac{\{OH^-\}\{HOCl\}}{\{OCl^-\}} = \frac{[OH^-][HOCl]}{[OCl^-]} = \frac{x^2}{0.02 - x}$$

$$\therefore x \text{ is the same} \qquad [OH^-] = 7.94 \times 10^{-5}$$

$$10^{-14} = \{H^+\}\{OH\} = \{H^+\}(0.844)[OH^-]$$

$$\{H^+\} = 1.49 \times 10^{-10} \qquad pH = \underline{9.83}$$

4-18 (a) MB: $[NH_3] + [NH_4^+] = 0.02$

CB: $[NH_4^+] + [H^+] = [OH^-] + [Cl^-]$

PC: PRL – H_2O, NH_4^+

$$[H^+] = [OH^-] + [NH_3]$$

Assume, since acid is added (NH_4^+): $[H^+] \gg [OH^-]$

from PC: $[NH_3] = [H^+] = x$

$$K_A = 5.56 \times 10^{-10} = \frac{[NH_3][H^+]}{[NH_4^+]} = \frac{x^2}{0.02 - x}$$

$$(5.56 \times 10^{-10})(0.02 - x) = x^2$$

(4-18) $x^2 + 5.56 \times 10^{-10}(x) - 1.11 \times 10^{-11} = 0$

$$x = \frac{-5.56 \times 10^{-10} \pm \sqrt{(5.56 \times 10^{-10})^2 - 4(1)(-1.11 \times 10^{-11})}}{2}$$

$x = [H^+] = [NH_3] = 3.33 \times 10^{-6}$ pH = <u>5.48</u>

Note: assumption is OK since $[H^+] \gg [OH^-]$, $10^{-5.48} \gg 10^{-8.52}$

(b) Must approximate μ. From (a), know $[Cl^-] = 0.02$ and $[NH_4^+] \cong 0.02$

$\therefore \quad \mu = 0.5\left((+1)^2(0.02) + (-1)^2(0.02)\right) = 0.02$ M

$-\log \gamma = 0.5(1)^2 \dfrac{\sqrt{0.02}}{1 + \sqrt{0.02}} = 0.062$

$\gamma = 0.867$

$\therefore \quad 5.56 \times 10^{-10} = \dfrac{[NH_3][H^+]}{[NH_4^+]} = \dfrac{x^2}{0.02 - x}$

pH $= -\log \{H^+\} = -\log (0.867)(3.33 \times 10^{-6})$ pH = <u>5.54</u>

4-19 $C_T = 0.02$ M $= [HAc] + [Ac^-]$ ($[Na^+] = 0.01$)
$pK_A = 4.74$ and $pK_B = 9.26$

(a) How to make assumptions? One way is to compare pK_A and pK_B with smaller being "stronger." Thus, acetic acid is a stronger acid than acetate is a base (pH should be acidic). Also, we can look at the charge balance:

$[Na^+] + [H^+] = [OH^-] + [Ac^-]$

So, $0.01 = [OH^-] - [H^+] + [Ac^-]$

We can assume that $[OH^-] - [H^+]$ is negligible compared with $[Ac^-]$.

Then $[Ac^-] = 0.01 = [HAc]$

$K_A = 10^{-4.74} = \dfrac{[Ac^-][H^+]}{[HAc]}$, $[H^+] = 10^{-4.74}$,   pH = <u>4.74</u>

Check assumption made from CB:

$0.01 + 10^{-4.74} = 10^{-9.26} + 0.01$

% error = 0.2 %   <u>OK</u>

(b) Using answers from (a) as first approximation:
$\mu = 0.5\left((0.01)(+1)^2 + (0.01)(-1)^2 + 10^{-4.30}(+1)^2\right)$
$\mu = 0.01$ M

$-\log \gamma = 0.5(1)^2 \dfrac{\sqrt{01}}{1 + \sqrt{0.01}} = 0.045$

$\gamma = 0.901$

so $\{H^+\} = K_A \dfrac{\{HAc\}}{\{Ac^-\}} = 10^{-4.74}\left(\dfrac{0.01}{0.901(0.01)}\right)$

$\{H^+\} = 2.02 \times 10^{-5}$ pH = <u>4.69</u>

4-20 $C_T = 0.02 = [HCN] + [CN^-]$ $([K^+] = 0.01)$
$pK_A = 9.32$ and $pK_B = 4.68$

(a) Here, cyanide a stronger base than hydrogen cyanide is an acid. Thus, we would expect pH to be basic. Again, from charge balance:

$$[K^+] + [H^+] = [OH^-] + [CN^-]$$
$$0.01 = [OH^-] - [H^+] + [CN^-]$$

Again, assume $[CN^-] \gg [OH^-] - [H^+]$.

Then $[CN^-] = 0.01 = [HCN]$

$K_A = 10^{-9.32} = \dfrac{[CN^-][H^+]}{[HCN]}$, $[H^+] = 10^{-9.32}$, pH = __9.32__

Check CB assumption:

$$0.01 + 10^{-9.32} = 10^{-4.68} + 0.01$$
% error = –0.2 %.   __OK__

(b) Using answers to (a) as first approximation:

$\mu = 0.5\big((0.01)(+1)^2 + (0.01)(-1)^2 + 10^{-9.32}(+1)^2 + 10^{-4.68}(-1)^2\big)$

$\mu = 0.01$ M

$-\log \gamma = 0.5(1)^2 \dfrac{\sqrt{0.01}}{1 + \sqrt{0.01}} = 0.045$ $\gamma = 0.901$

so $\{H^+\} = 10^{-9.32}\left(\dfrac{0.01}{0.901(0.01)}\right) = 5.31 \times 10^{-10}$ pH = __9.27__

4-21 $pK_1 = 7.0$, $pK_2 = 12.9$

[log C vs pH diagram for H₂S system showing [H₂S], [HS⁻], [S²⁻], [H⁺], [OH⁻]; points (1), (2), (3), (4) marked; annotation [HS⁻] + [OH⁻] = 2(10⁻³)]

(1) pH = 5.0   (2) pH = 10.9   (3) pH = 12.9   (4) pH = 7.0

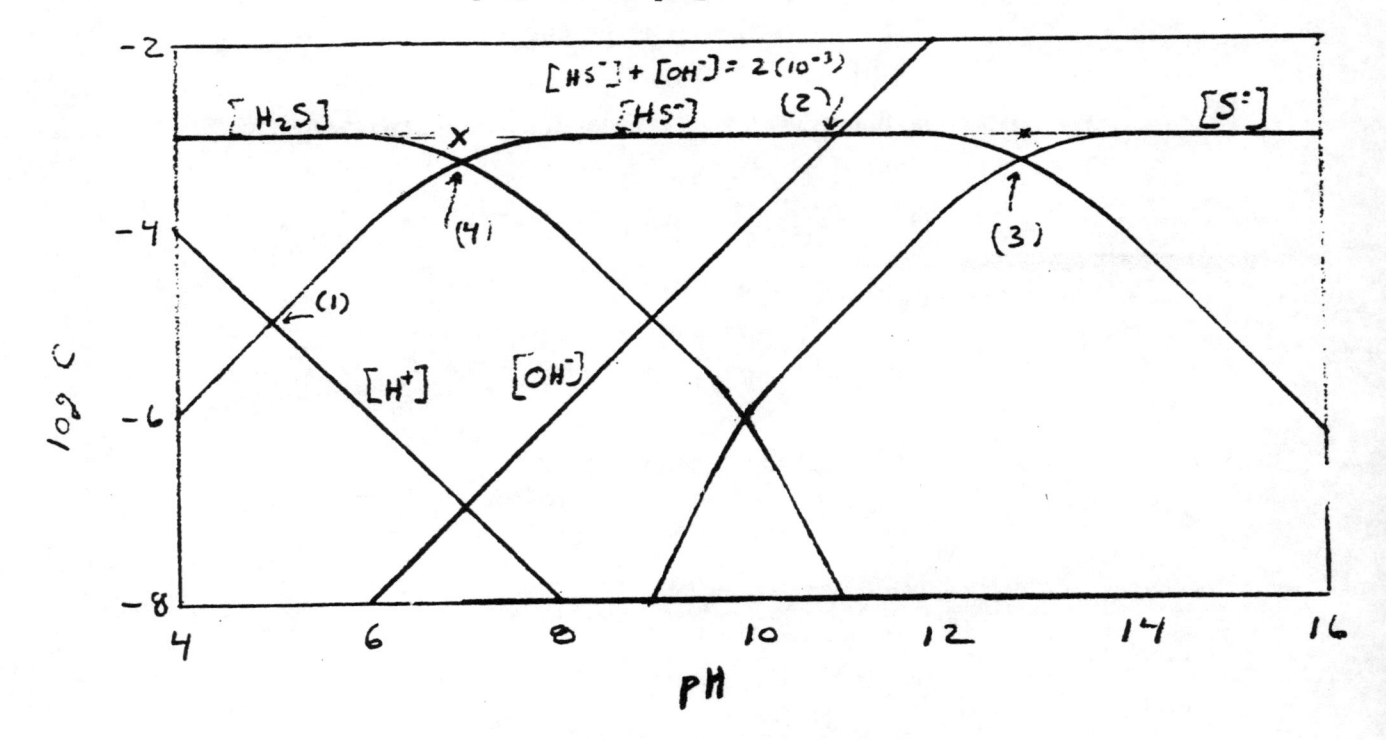

4-22

$pK_1 = 7.04$, $pK_2 = 12.9$, $C_T = 10^{-2}$, $\log C_T = -2$

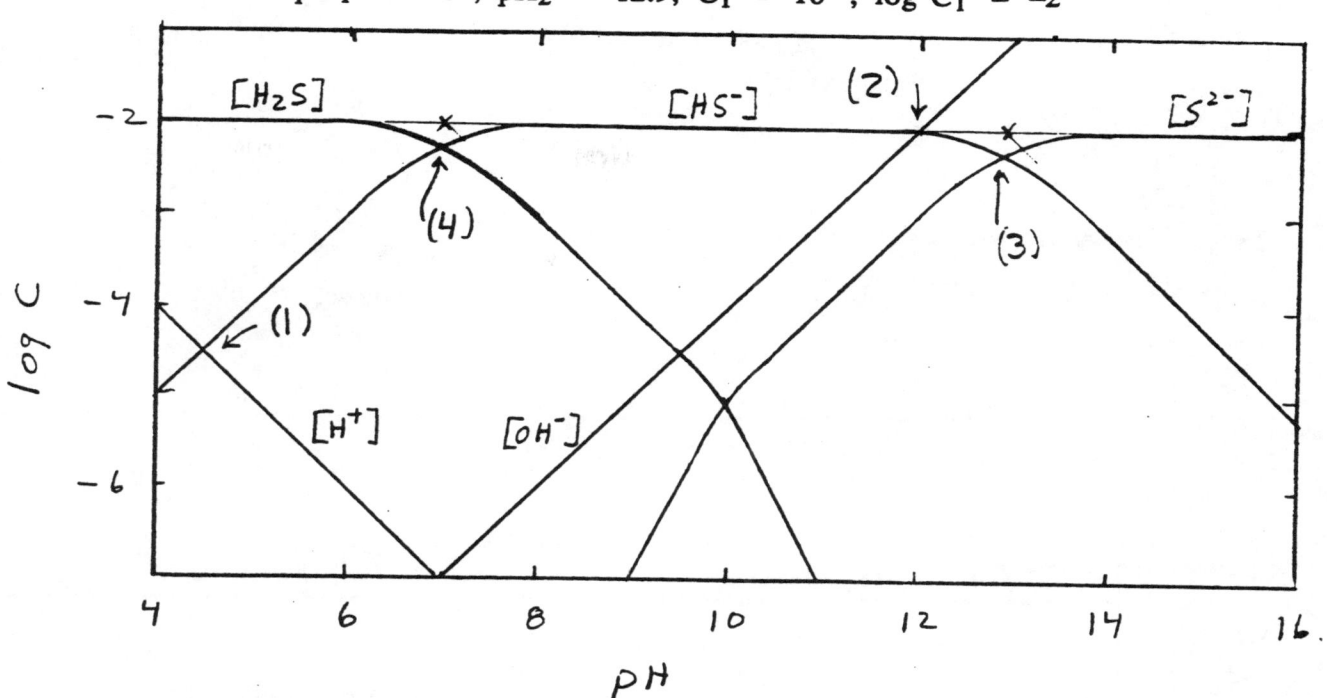

(1) $[H^+] \cong [HS^-]$
    pH = __4.5__

(2) $[HS^-] + [OH^-] + 2[S^{2-}] \cong [Na^+] = 2(10^{-2})$
    pH = __12__

(3) $[HS^-] \cong [S^{2-}]$
    pH = __12.9__

(4) $[H_2S] \cong [HS^-]$
    pH = __7__

4-23

$pK_1 = 6.37$, $pK_2 = 10.33$, $C_T = 3 \times 10^{-2}$, $\log C_T = -1.52$

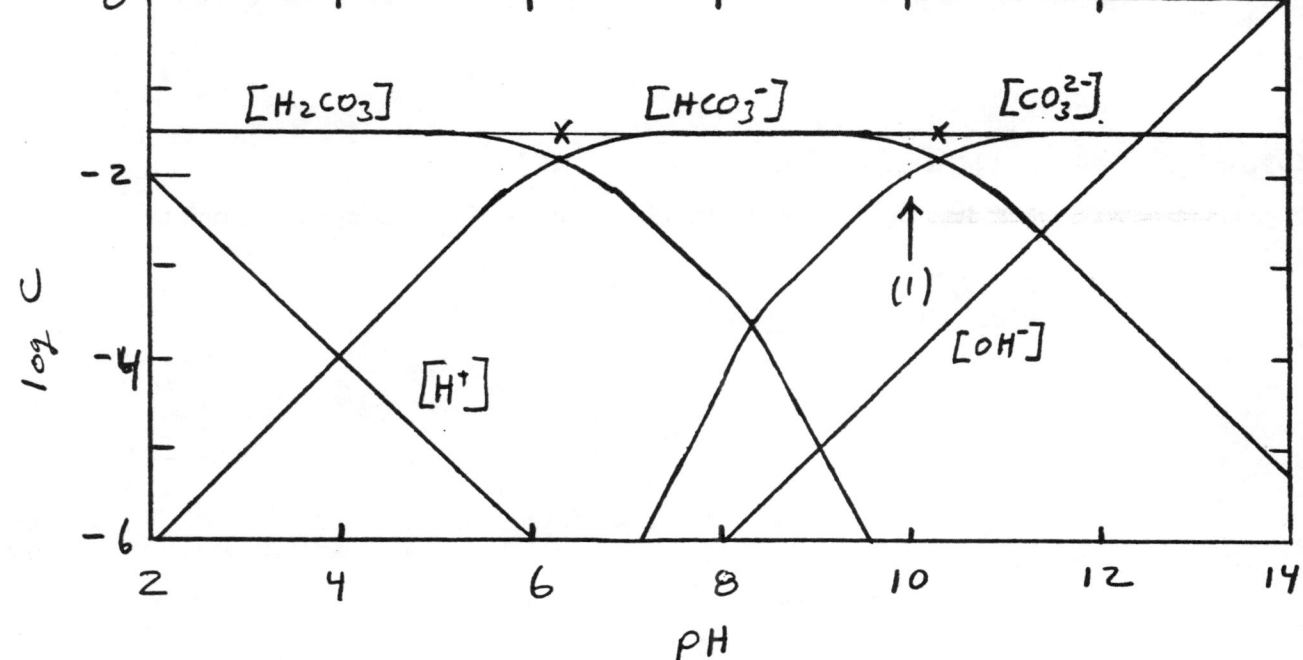

$[Na^+] \cong [B^+] \cong [HCO_3^-] + 2[CO_3^{2-}] = 2(2 \times 10^{-2}) = 4 \times 10^{-2}$ -- (1) pH = __10__

where $[HCO_3^-] = 2 \times 10^{-2}$, $[CO_3^{2-}] = 10^{-2}$

4-24 $C = 0.01 + 0.02 = 0.03$ M $\log = -1.52$
    $Ac^- = 0.02$ M $\log = -1.70$
        pH = <u>5.0</u> (comparing with Fig. 4.1)

4-25 $C_A = [HA] + [A^-] = 10^{-3}$ $pK_A = 4.74$
    $C_{Cl^-} = [HCl] = 10^{-3}$ strong acid

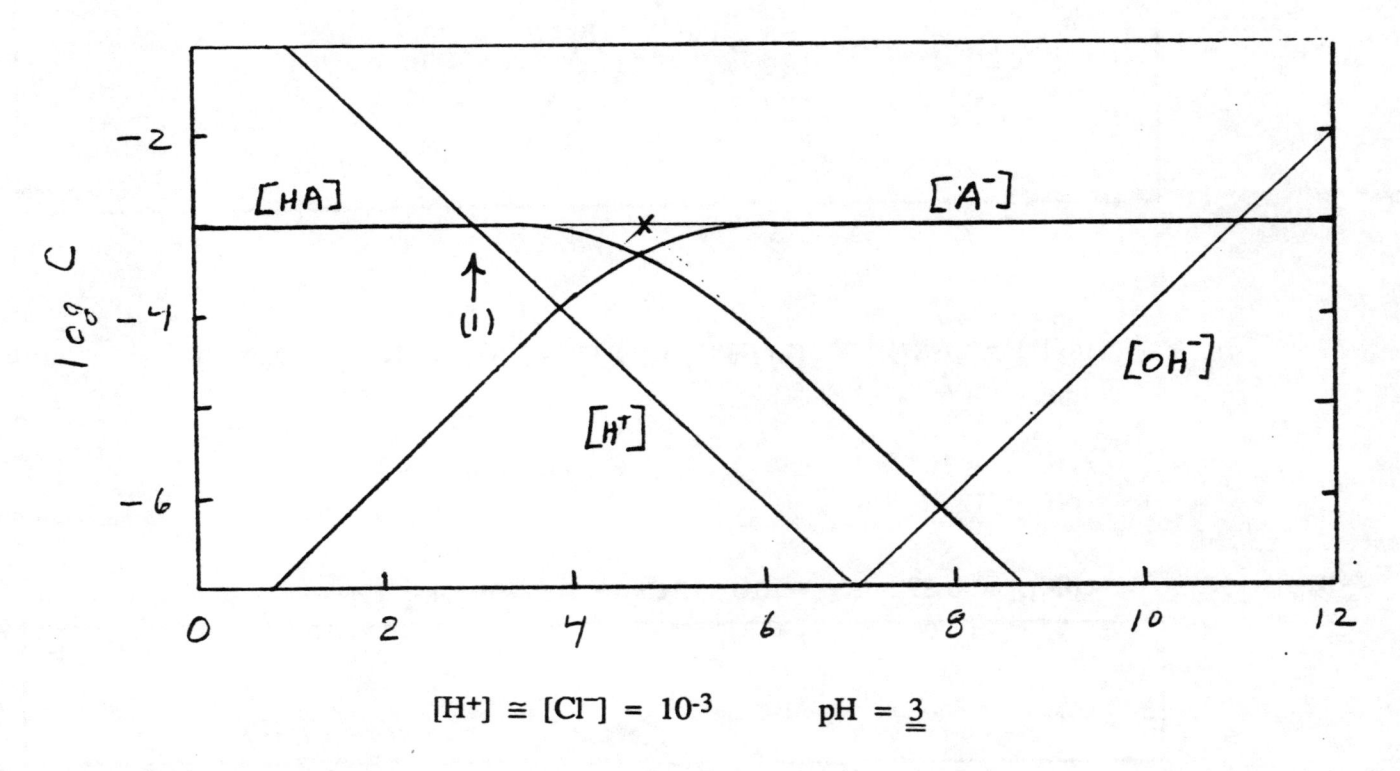

[Graph: log C vs pH from 0 to 12, showing [HA], [A⁻], [H⁺], [OH⁻] lines with point (1) marked]

$[H^+] \cong [Cl^-] = 10^{-3}$ pH = <u>3</u>

4-26 C for carbonic acid = 10^{-3}, $\log C = -3$.
Construct a figure like Fig. 4.4, but move all carbonic acid species down one unit to -3.

Then, $[Na^+] = 3 \times 10^{-3} = [OH^-] + [HCO_3^-] + 2[CO_3^{2-}]$
This occurs when pH = <u>11.1</u>

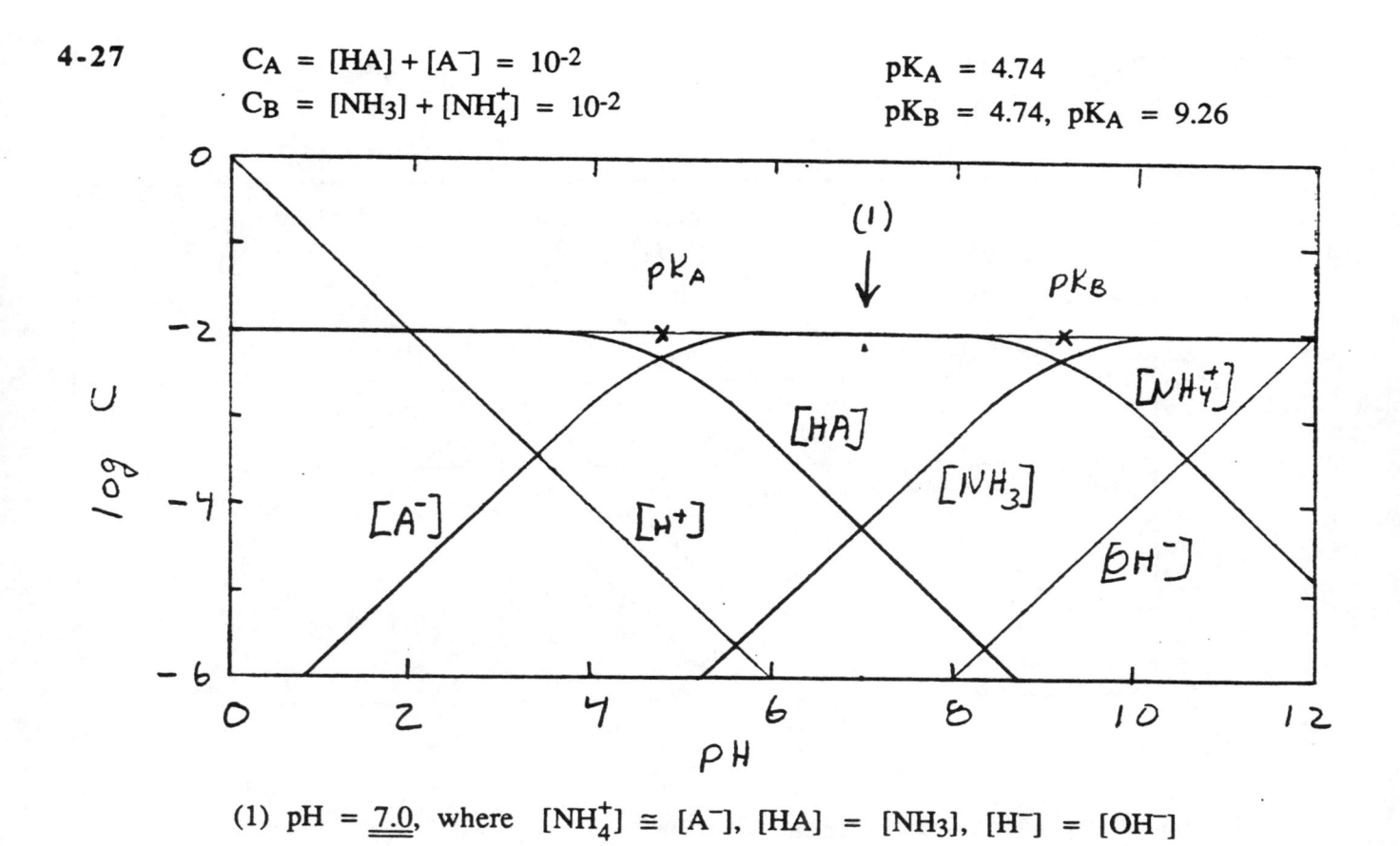

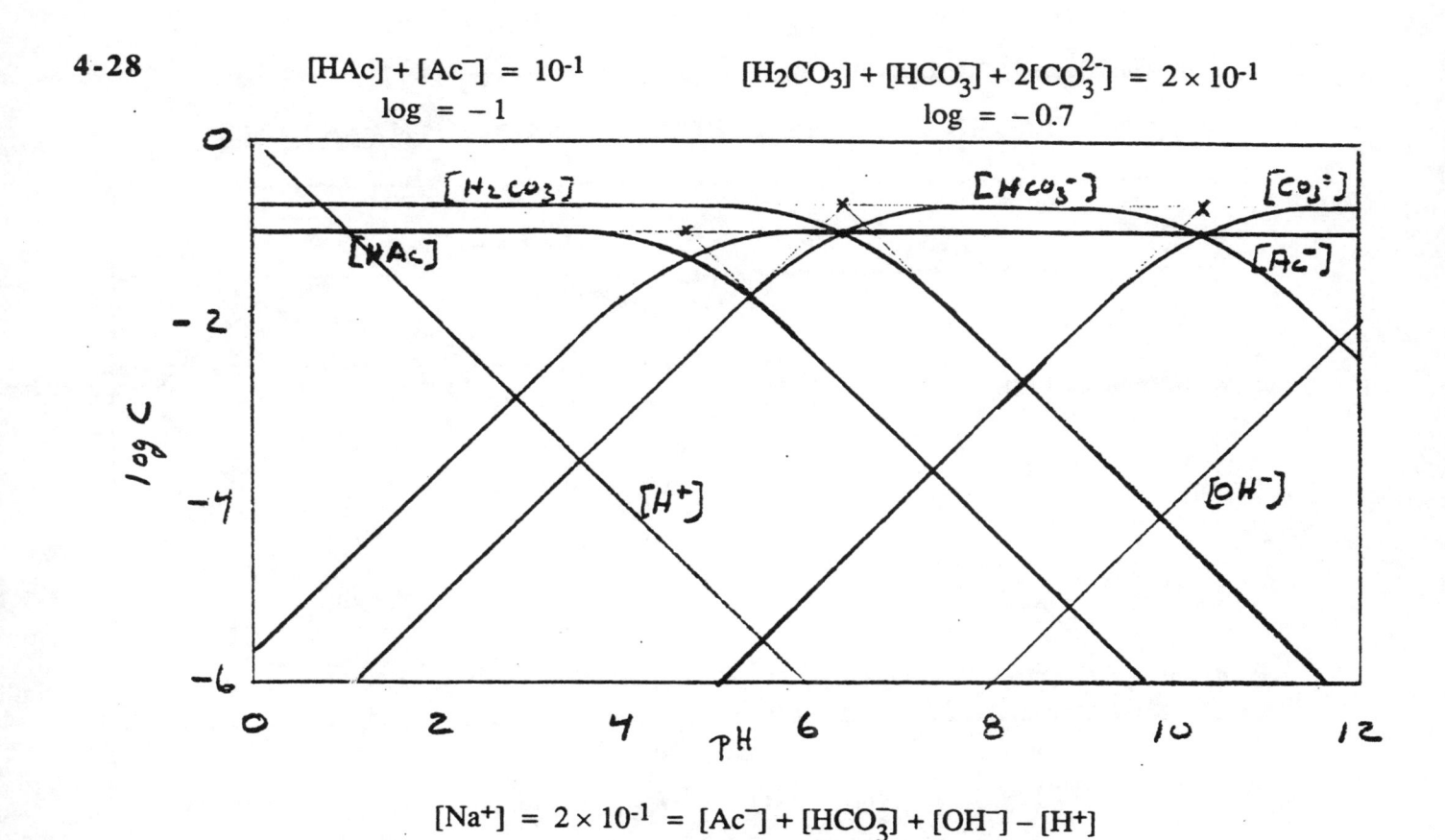

4-27 $C_A = [HA] + [A^-] = 10^{-2}$ $pK_A = 4.74$
  $C_B = [NH_3] + [NH_4^+] = 10^{-2}$ $pK_B = 4.74, pK_A = 9.26$

(1) pH = __7.0__, where $[NH_4^+] \cong [A^-]$, $[HA] = [NH_3]$, $[H^+] = [OH^-]$

4-28 $[HAc] + [Ac^-] = 10^{-1}$ $[H_2CO_3] + [HCO_3^-] + 2[CO_3^{2-}] = 2 \times 10^{-1}$
  log = -1 log = -0.7

$[Na^+] = 2 \times 10^{-1} = [Ac^-] + [HCO_3^-] + [OH^-] - [H^+]$

occurs where $[Ac^-] = [HCO_3^-] = 10^{-1}$ @ pH = __6.4__

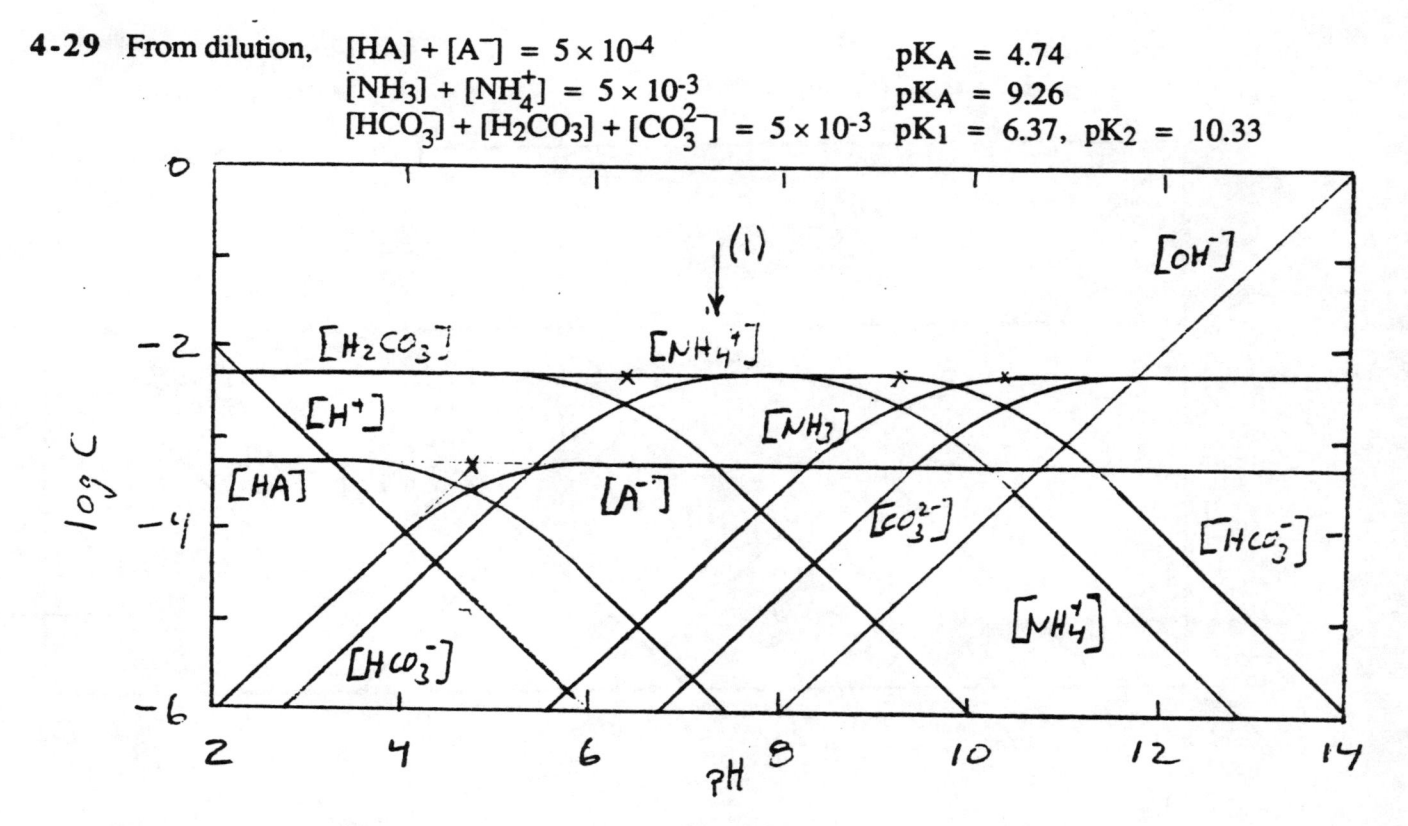

4-29 From dilution, $[HA] + [A^-] = 5 \times 10^{-4}$ $pK_A = 4.74$
$[NH_3] + [NH_4^+] = 5 \times 10^{-3}$ $pK_A = 9.26$
$[HCO_3^-] + [H_2CO_3] + [CO_3^{2-}] = 5 \times 10^{-3}$ $pK_1 = 6.37, pK_2 = 10.33$

The question is, where does charge balance occur?

$[H^+] + [NH_4^+] = [A^-] + [HCO_3^-] + 2[CO_3^{2-}] + [OH^-]$ occurs where

$[NH_4^+] \cong [HCO_3^-] + [A^-]$ as all other charged species there are very low in concentration.

$[NH_4^+] \cong 5 \times 10^{-3}$, $[A^-] = 5 \times 10^{-4}$, $[HCO_3^-] = 4.5 \times 10^{-3}$ (1) pH = __7.3__

4-30

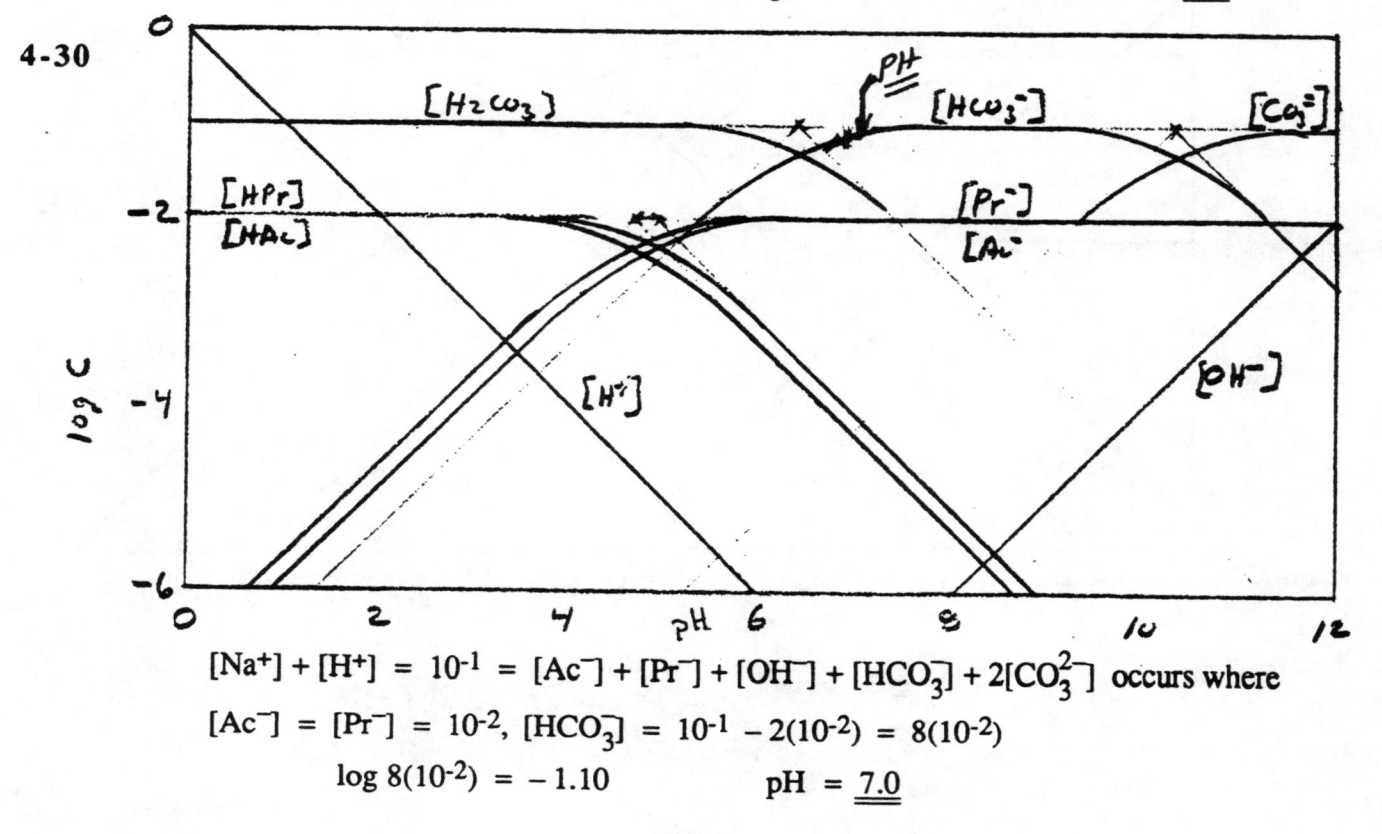

$[Na^+] + [H^+] = 10^{-1} = [Ac^-] + [Pr^-] + [OH^-] + [HCO_3^-] + 2[CO_3^{2-}]$ occurs where

$[Ac^-] = [Pr^-] = 10^{-2}$, $[HCO_3^-] = 10^{-1} - 2(10^{-2}) = 8(10^{-2})$

$\log 8(10^{-2}) = -1.10$ pH = __7.0__

4-18

4-31 $C_{T,NH_4} = [NH_4^+] + [NH_3] = 0.01$ $\qquad$ pK$_A$ = 9.26

$\qquad$ $C_{T,Ac} = [HAc] + [Ac^-] = 0.01$ $\qquad$ pK$_A$ = 4.74

$\qquad$ CB: $[NH_4^+] + [H^+] = [OH^-] + [Ac^-]$

$\qquad$ PC: $\quad$ PRL – NH$_4^+$, Ac$^-$

$\qquad\qquad$ $[HAc] + [H^+] = [OH^-] + [NH_3]$ $\qquad$ See plot below.

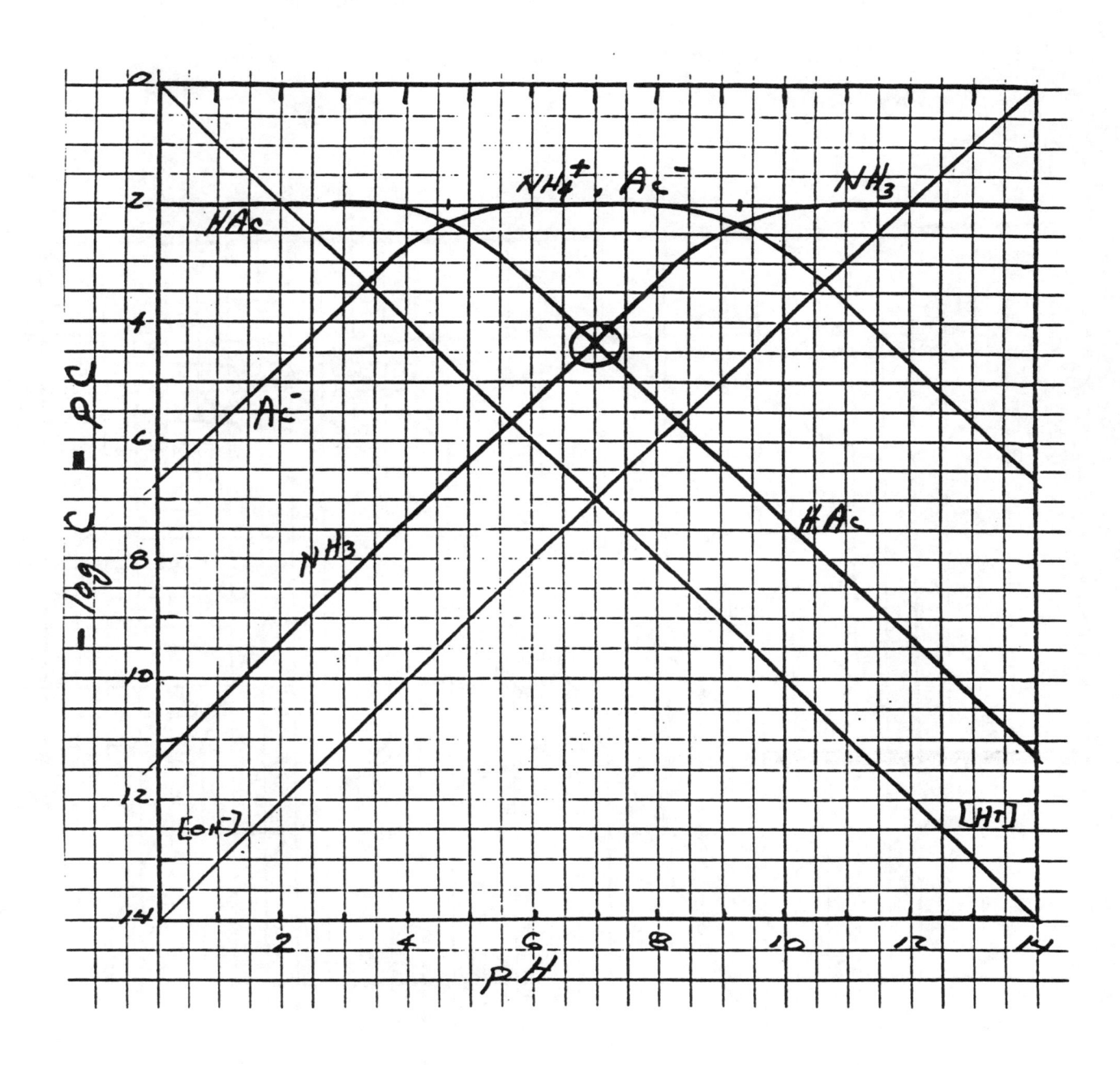

Inspection of PC gives: $\qquad$ [HAc] = [NH$_3$] $\qquad$ pH = 7.0

Charge balance works here also as: $\qquad$ [NH$_4^+$] = [Ac$^-$] $\qquad$ pH = 7.0

4-32 Assume a closed system:

$C_{T,NH_4} = [NH_4^+] + [NH_3] = 0.02$ (pK_A = 9.26)

$C_{T,CO_3} = [H_2CO_3] + [HCO_3^-] + [CO_3^{2-}] = 0.01$ (pK_{A1} = 6.37, pK_{A2} = 10.33)

CB: $[NH_4^+] + [H^+] = [OH^-] + [HCO_3^-] + 2[CO_3^{2-}]$

PC: PRL – NH_4^+, CO_3^{2-}
$[H^+] + 2[H_2CO_3] + [HCO_3^-] = [OH^-] + [NH_3]$. See figure below.

Inspection of PC and pC–pH mass balance indicates that the solution is where

$[HCO_3^-] \cong [NH_3]$ pH = <u>9.3</u>

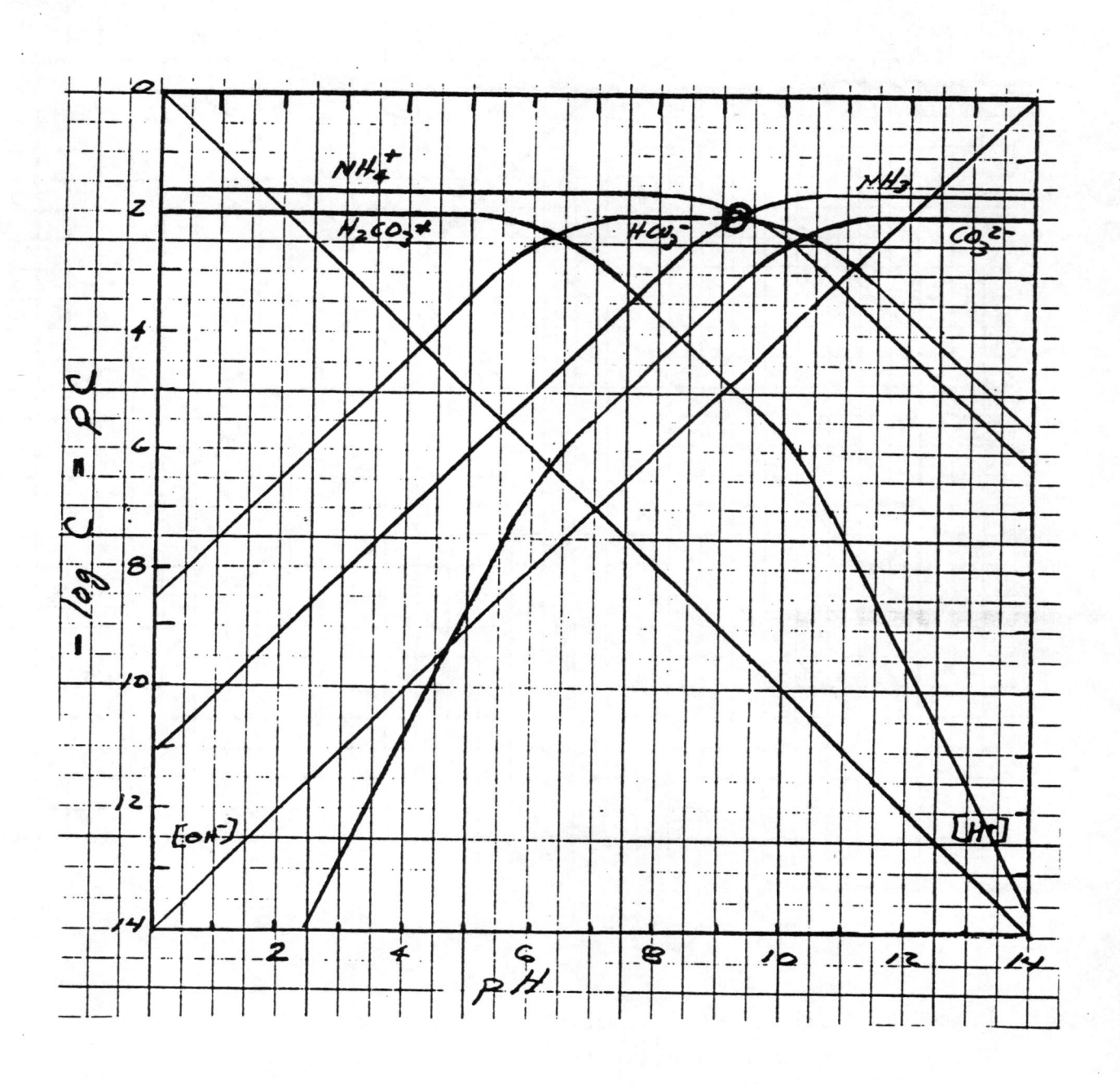

4-33 (a) 100 mg/l HAc = $\frac{100}{60,000}$ = 1.67×10^{-3} mol/l

$pH = \frac{1}{2}(\log c + pK_A + pK_W) = \frac{1}{2}(-2.8 + 4.7 + 14.0) = \underline{\underline{8.0}}$

(b) 1,000 mg/l HAc = 1.67×10^{-2} mol/l

$pH = \frac{1}{2}(-1.8 + 4.7 + 14.0) = \underline{\underline{8.4}}$

(c) 10,000 mg/l HAc = 1.67×10^{-1} mol/l

$pH = \frac{1}{2}(-0.8 + 4.7 + 14.0) = \underline{\underline{8.9}}$

4-34 (a) 10 mg/l NaHCO$_3$ = $\frac{10}{84,000}$ = 1.19×10^{-4} mol/l

$pH = \frac{1}{2}(pK_W - pK_B - \log c) = \frac{1}{2}(14 - 7.6 + 3.9) = \underline{\underline{5.2}}$

(b) 100 mg/l NaHCO$_3$ = 1.19×10^{-3} mol/l

$pH = \frac{1}{2}(14 - 7.6 + 2.9) = \underline{\underline{4.7}}$

(c) 1,000 mg/l NaHCO$_3$ = 1.19×10^{-2} mol/l

$pH = \frac{1}{2}(14 - 7.6 + 1.9) = \underline{\underline{4.2}}$

4-35 150 mg/l Na$_2$CO$_3$ = $\frac{150}{106,000}$ = 1.42×10^{-3} mol/l

<u>First ionization, avg.</u> = $\frac{pK_1 + pK_2}{2} = \frac{3.7 + 7.6}{2} = 5.6$

$pH = pK_W - pK_B = 14 - 5.6 = \underline{\underline{8.4}}$

<u>Second ionization</u>

$pH = \frac{1}{2}(pK_W - pK_B - \log c) = \frac{1}{2}(14 - 7.6 + 2.8) = \underline{\underline{4.6}}$

4-36 150 mg/l Na$_2$S = $\frac{150}{78,000}$ = 1.92×10^{-3} mol/l

<u>First ionization</u>

$pH = \frac{pK_1 + pK_2}{2} = \frac{7.0 + 12.9}{2} = \underline{\underline{10.0}}$

<u>Second ionization</u>

$pK_B = 14 - pK_A = 14 - 7.0 = 7.0$

$pH = \frac{1}{2}(pK_W - pK_B - \log c) = \frac{1}{2}(14 - 7.0 + 2.7) = \underline{\underline{4.8}}$

4-37 (a)   100 mg/l HCl = $\frac{100}{36,500}$ = 2.74×10^{-3} mol/l [H$^+$]

$$pH = \log \frac{1}{1.74 \times 10^{-3}} = \underline{\underline{2.6}}$$

(b)   1 ml 1N NaOH = 1×10^{-3} equiv

HCl remaining = $2.74 \times 10^{-3} - 1 \times 10^{-3}$ = 1.74×10^{-3} mol/l

$$pH = \log \frac{1}{1.74 \times 10^{-3}} = \underline{\underline{2.8}}$$

(c)   2 ml = 2×10^{-3} equiv., HCl remaining = 0.74×10^{-3} equiv/l

$$pH = \log \frac{1}{7.4 \times 10^{-4}} = \underline{\underline{3.1}}$$

(d)   3 ml = 3×10^{-3} equiv, excess NaOH = $(3 - 2.74) 10^{-3}$ = 0.26×10^{-3}

$$pOH = \log \frac{1}{2.6 \times 10^{-4}} = \underline{\underline{3.6}} \qquad pH = 14 - 3.6 = \underline{\underline{10.4}}$$

(e) $\underline{\underline{2.74}}$ ml NaOH required

4-38 (a)   100 mg NaOH = $\frac{100}{40,000}$ = 2.5×10^{-3} equiv = 5.0×10^{-3} equiv/l

$$pOH = \log \frac{1}{5 \times 10^{-3}} = 2.3 \qquad pH = 14 - 2.3 = \underline{\underline{11.7}}$$

(b)   2 ml 1N H$_2$SO$_4$ = 2×10^{-3} equiv

NaOH remaining = $(2.5 - 2.0) \times 10^{-3} - 0.5 \times 10^{-3}$ equiv = 10^{-3} equiv/l

pOH = 3, pH = $14 - 3.0$ = $\underline{\underline{11}}$

(c)   4 ml 1N H$_2$SO$_4$ = 4×10^{-4} equiv

excess H$_2$SO$_4$ = $(4 - 2.5) 10^{-3}$ = 1.5×10^{-3} equiv = 3.0×10^{-3} equiv/l

$$pH = \log \frac{1}{3.0 \times 10^{-3}} = \underline{\underline{2.5}}$$

(d) $\underline{\underline{2.5}}$ ml required

4-39 (a)   f = 0   pH = $pK_w - \frac{1}{2}(pK_\beta + p\,C_T)$ = $14 - \frac{1}{2}(9.11 + 3)$ = $\underline{\underline{7.95}}$

         f = 0.5   pH = $pK_w - pK_\beta = pK_A = \underline{\underline{4.89}}$

         f = 1.0   pH = $\frac{1}{2}(pK_w - pK_\beta + p\,C_T)$

                       = $\frac{1}{2}(14 - 9.11 + 3)$ = $\underline{\underline{3.95}}$ (see sketch below)

(b)   β is max near pK$_A$ (f = 0.5)   pH ≅ $\underline{\underline{4.89}}$

$$\beta = 2.3\left(10^{-4.89} + 10^{-9.11} + \left[\frac{10^{-4.89}(10^{-4.89})(10^{-3})}{(10^{-4.89} + 10^{-4.89})^2}\right]\right) \qquad \beta = \underline{\underline{6.05 \times 10^{-4} M}}$$

(4-39) (c) β is min near $f = 1$ pH $\cong$ 3.95

$$\beta = 2.3\left(10^{-3.95} + 10^{-10.06} + \left[\frac{10^{-3.95}(10^{-4.89})(10^{-3})}{(10^{-3.95} + 10^{-4.89})^2}\right]\right) \quad \beta = 4.71 \times 10^{-4} M$$

<u>Note</u>: β is also small in pH range between 6–8.

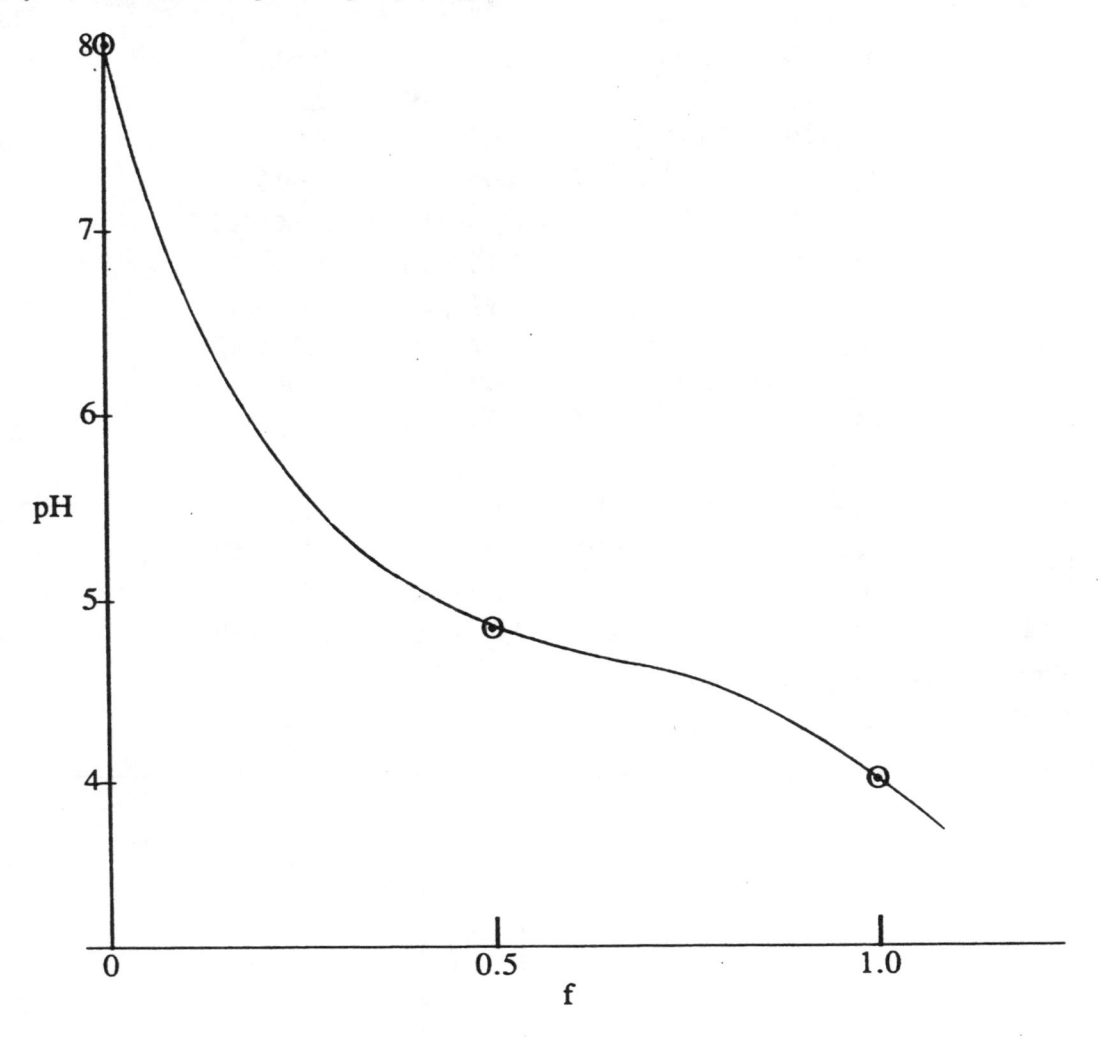

4-40 CB: $\quad \Sigma$ cations $+ [H^+] = [OH^-] + [HCO_3^-] + 2[CO_3^{2-}] + \Sigma$ anions

$\quad\quad\quad\quad \Sigma$ cations $- \Sigma$ anions $= [OH^-] - [H^+] + \alpha_1 C_{T,CO_3} + 2\alpha_2 C_{T,CO_3}$

$K_{A1} = 10^{-6.37} \quad\quad K_{A2} = 10^{-10.33} \quad\quad C_{T,CO_3} = 0.001 M = C_0$

∂ pH $= 7.2$: $\quad \alpha_1 = 0.871 \quad\quad \alpha_2 = 6.45 \times 10^{-4}$

So, $\quad \Sigma$ cations $- \Sigma$ anions $= 10^{-6.8} - 10^{-7.2} + 0.871(0.001) + 2(6.45 \times 10^{-4})(0.001)$

$\quad\quad\quad\quad \Sigma$ cations $- \Sigma$ anions $= \underline{\underline{8.72 \times 10^{-4}}}$

Now, for titration, CB becomes: $\quad\quad\quad\quad\quad\quad [C = 0.10, \; V = 1000]$

$$[H^+] + (\Sigma \text{ cations} - \Sigma \text{ anions}) = [OH^-] + 0.001\,\alpha_1 + 0.002\,\alpha_2 + \frac{0.1\,V}{1000 + V}$$

or $\quad \dfrac{0.1\,V}{1000 + V} = [H^+] + 8.72 \times 10^{-4} - [OH^-] - 0.001\,\alpha_1 - 0.002\,\alpha_2$

(4-40) Use spreadsheet for different $[H^+]$ values:

pH	$[H^+]$	α_1	α_2	right side	V
7.2	6.31×10^{-8}	8.71×10^{-1}	6.45×10^{-4}	2.83×10^{-8}	0.00
7	1.00×10^{-7}	8.10×10^{-1}	3.79×10^{-4}	6.15×10^{-5}	0.61
6.8	1.58×10^{-7}	7.29×10^{-1}	2.15×10^{-4}	1.43×10^{-4}	1.43
6.6	2.51×10^{-7}	6.29×10^{-1}	1.17×10^{-4}	2.43×10^{-4}	2.43
6.4	3.98×10^{-7}	5.17×10^{-1}	6.08×10^{-5}	3.55×10^{-4}	3.56
6.2	6.31×10^{-7}	4.03×10^{-1}	2.99×10^{-5}	4.69×10^{-4}	4.71
6	1.00×10^{-6}	2.99×10^{-1}	1.40×10^{-5}	5.74×10^{-4}	5.77
5.5	3.16×10^{-6}	1.19×10^{-1}	1.76×10^{-6}	7.56×10^{-4}	7.62
5	1.00×10^{-5}	4.09×10^{-2}	1.91×10^{-7}	8.41×10^{-4}	8.48
4.5	3.16×10^{-5}	1.33×10^{-2}	1.97×10^{-8}	8.90×10^{-4}	8.98
4	1.00×10^{-4}	4.25×10^{-3}	1.99×10^{-9}	9.68×10^{-4}	9.77
3.5	3.16×10^{-4}	1.35×10^{-3}	1.99×10^{-10}	1.19×10^{-3}	12.01
3	1.00×10^{-3}	4.26×10^{-4}	1.99×10^{-11}	1.87×10^{-3}	19.07
2.5	3.16×10^{-3}	1.35×10^{-4}	1.99×10^{-12}	4.03×10^{-3}	42.04
2	1.00×10^{-2}	4.27×10^{-5}	2.00×10^{-13}	1.09×10^{-2}	121.98
1.5	3.16×10^{-2}	1.35×10^{-5}	2.00×10^{-14}	3.25×10^{-2}	481.37
1	1.00×10^{-1}	4.27×10^{-6}	2.00×10^{-15}	1.01×10^{-1}	115,679.46

See titration curves on plots below.

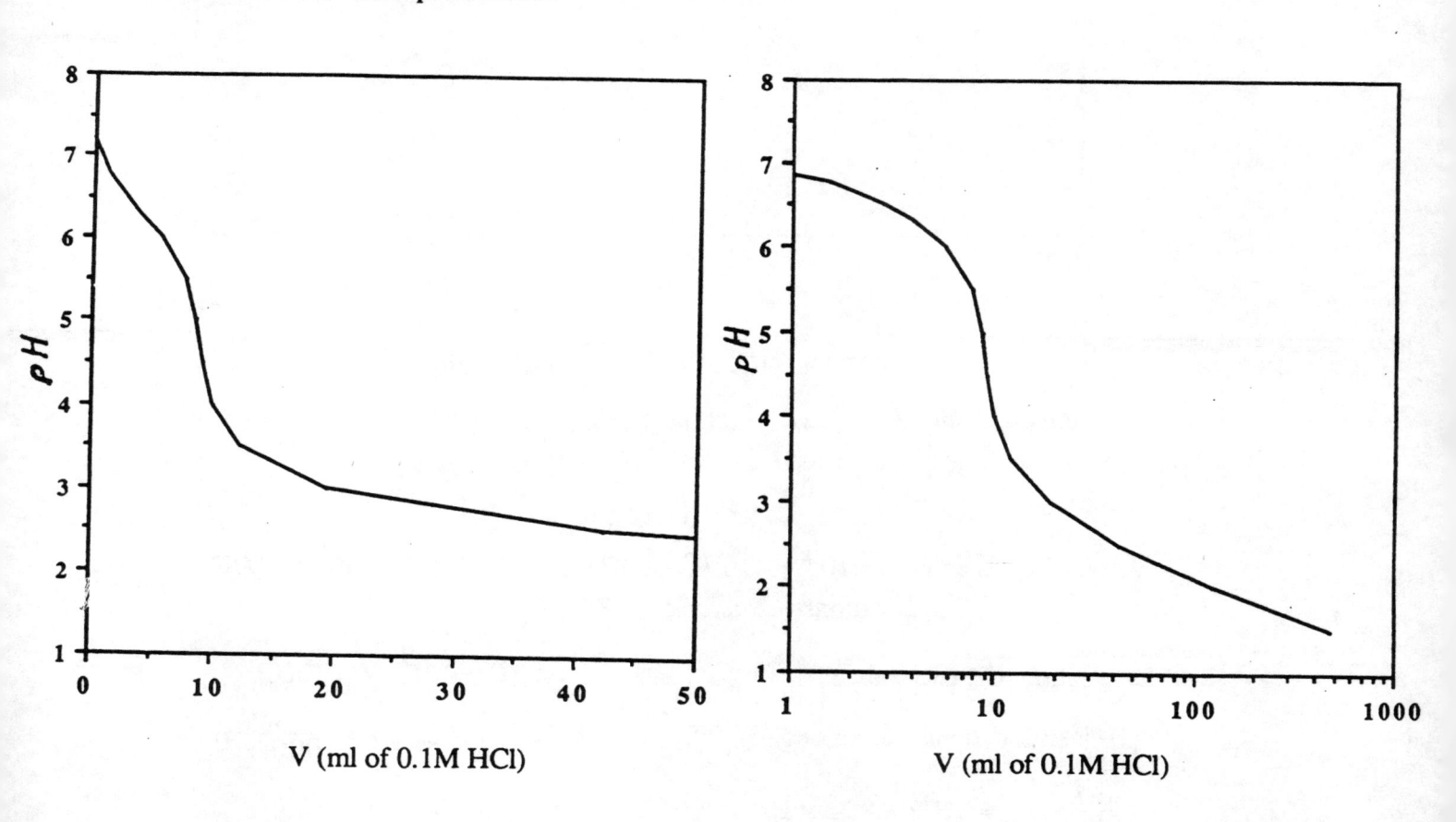

4-24

4-41 (a)   pH = 6.3 is at pK_A for $HCO_3^-/H_2CO_3^*$

Here: f = 0.5; so, $\frac{1}{2}(10^{-3})$ = $\underline{\underline{5 \times 10^{-4} M}}$

(b)   All neutralized: f = 1; $\underline{\underline{10^{-3} M}}$

4-42 Have CO_3^{2-} and PO_4^{3-} species as weak acids and bases.

CB: Σ cations + $[H^+]$

$= \Sigma$ anions + $[OH^-]$ + $[HCO_3^-]$ + $2[CO_3^{2-}]$ + $[H_2PO_4^-]$ + $2[HPO_4^{2-}]$ + $3[PO_4^{3-}]$

$\underbrace{\Sigma \text{ cations} - \Sigma \text{ anions}}_{\substack{\text{unknown cations \&} \\ \text{anions; \underline{not} weak} \\ \text{acids or weak bases}}} = \underbrace{\frac{K_w}{[H^+]} - [H^+] + [HCO_3^-] + 2[CO_3^{2-}] + C_{T,PO_4}(\alpha_1 + 2\alpha_2 + 3\alpha_3)}_{\text{Alkalinity (ANC)}}$

Open to atmosphere: $[H_2CO_3^*] = 5 \times 10^{-4}(10^{-1.5}) = 1.58 \times 10^{-5} M$

	@ pH = 8.1	after titration @ pH = 6.0
$[HCO_3^-] = \frac{K_{A1}}{[H^+]}[H_2CO_3^*]$	8.49×10^{-4}	6.74×10^{-6}
$[CO_3^{2-}] = \frac{K_{A2}}{[H^+]}[HCO_3^-]$	5.00×10^{-6}	3.15×10^{-10}
For C_{T,PO_4}		
α_1	1.14×10^{-1}	9.42×10^{-1}
α_2	8.86×10^{-1}	5.81×10^{-2}
α_3	5.34×10^{-5}	2.78×10^{-8}

$C_{T,PO_4} = 10^{-3} M$ before and after titration.

From CB before titration: Σ cations $- \Sigma$ anions $= 2.75 \times 10^{-3} M$

After titration, new charge balance becomes

$[H^+] + \Sigma$ cations $- \Sigma$ anions $= [OH^-] + [HCO_3^-] + 2[CO_3^{2-}]$
$+ C_{T,PO_4}(\alpha_1 + 2\alpha_2 + 3\alpha_3) + 2[SO_4^{2-}]$

or

$2[SO_4^{2-}] = [H^+] + \Sigma$ cations $- \Sigma$ anions $- [OH^-] + [HCO_3^-] + 2[CO_3^{2-}]$
$- C_{T,PO_4}(\alpha_1 + 2\alpha_2 + 3\alpha_3)$

Substituting @ pH = 6.0: $2[SO_4^{2-}] = 1.69 \times 10^{-3} = \left(\frac{0.5V}{1000+V}\right)2$

Solving for V: V = $\underline{1.7 \text{ ml}}$

4-43 500 mg HAc = $\frac{500}{60,000}$ = 8.34×10^{-3} equiv

$$pH = pK_1 + \log \frac{(A^-)}{(HA)}$$

$$5.0 = 4.7 + \log \frac{(A^-)}{(HA)}$$

$$\log \frac{(A^-)}{(HA)} = 0.3 \qquad \frac{(A^-)}{(HA)} = 2.0$$

Since $(A^-) + (HA) = 8.34 \times 10^{-3}$ equiv

$$(A^-) = \frac{2}{3}(8.34 \times 10^{-3}) = 5.56 \times 10^{-3} \text{ equiv}$$

1 ml 1$\underline{N}$ NaOH = 10^{-3} equiv

∴ ml required = $\underline{5.56}$ ml

4-44 pK_A = 7.54 (Table 4.1)

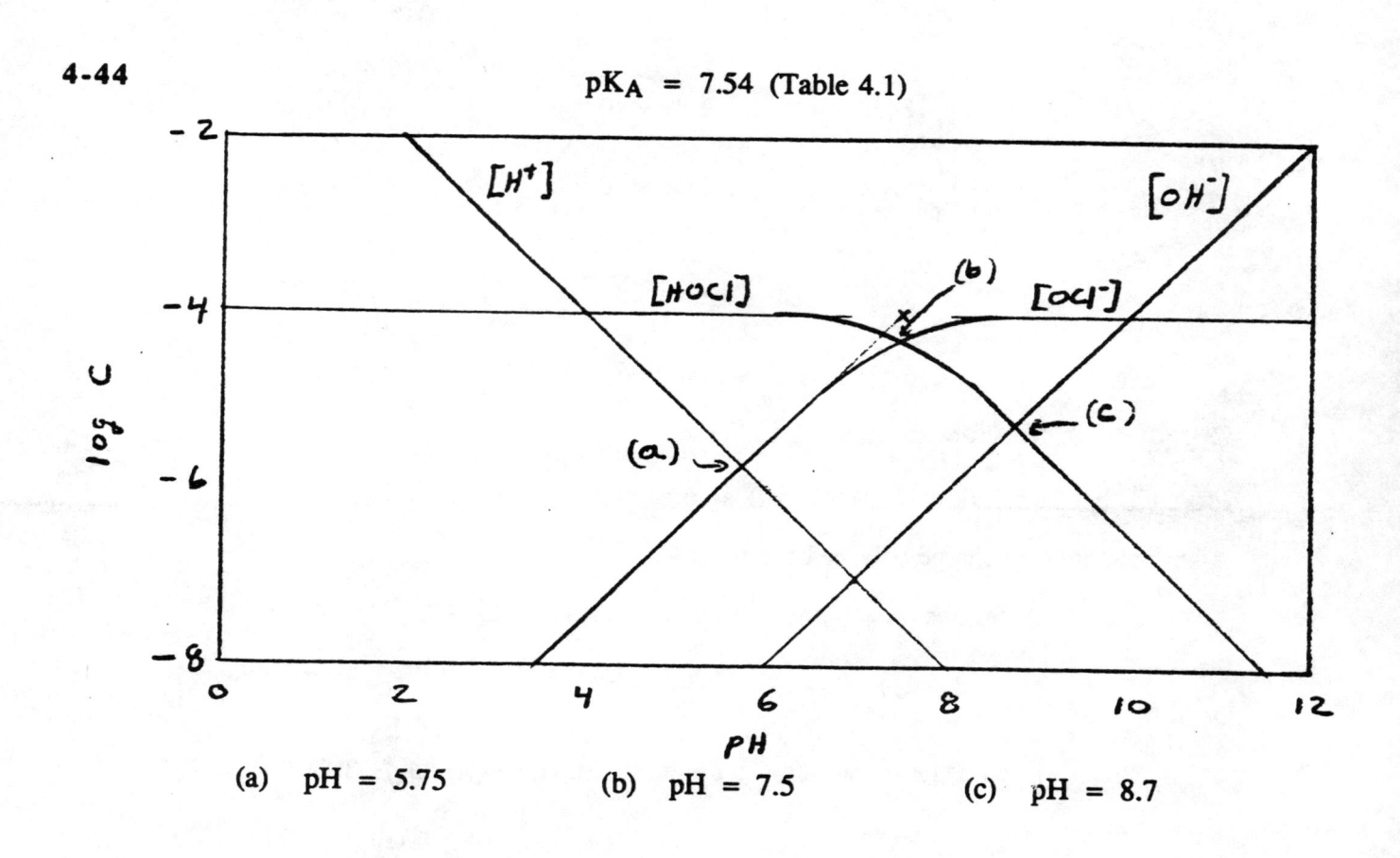

(a) pH = 5.75   (b) pH = 7.5   (c) pH = 8.7

4-45 (a) $pK_A = 4.89$ $[HA] + [A^-] = 10^{-4}$

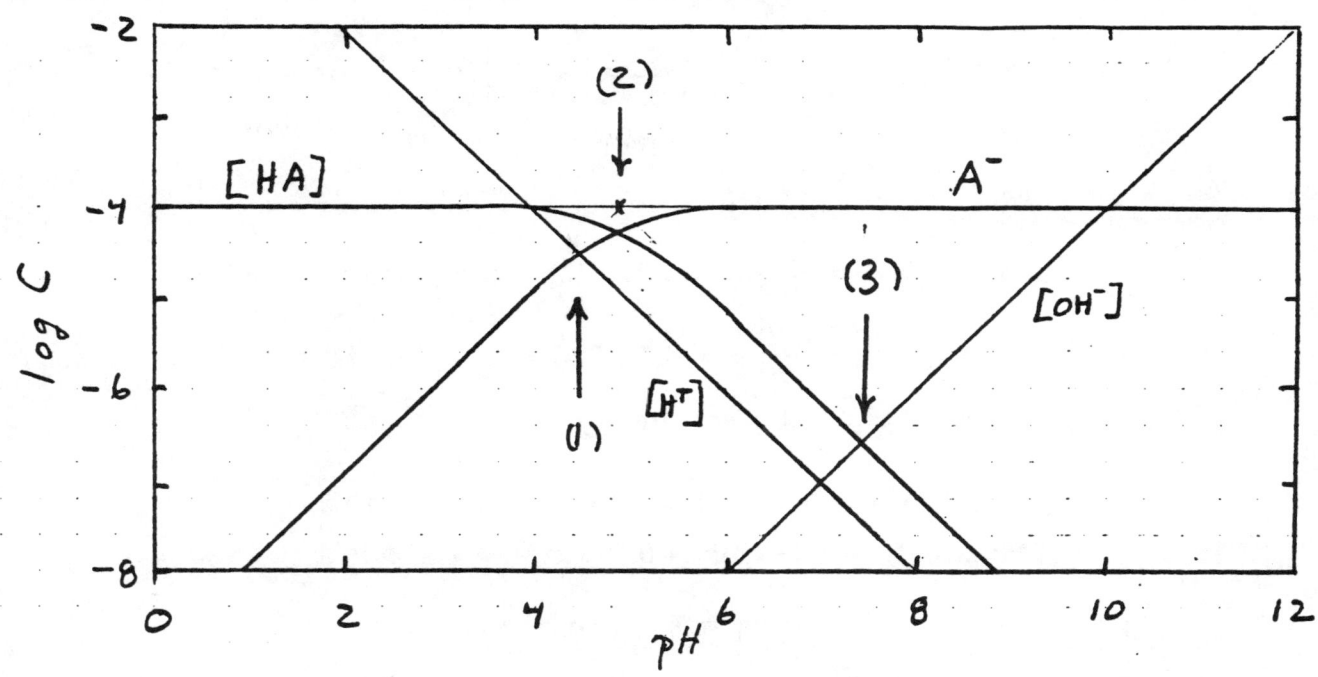

[graph: log C vs pH, showing [HA], [A⁻], [H⁺], [OH⁻] lines with points (1), (2), (3) marked]

(b)   (1) $[H^+] = [A^-]$ pH = <u>4.5</u>

       (2) $[Na^+] \cong [A^-] = 0.5 \times 10^{-4}$ pH = 4.9

       (3) $[Na^+] \cong [A^-] + [OH^-] = 10^{-4}$

           $[A^-] \cong 10^{-4} - [HA]$

           $\therefore [OH^-] \cong [HA]$ pH = 7.5

4-46 $pH = pK + \log \frac{(CH_3COO^-)}{(CH_3COOH)}$

$CH_3COO^- = \frac{0.73}{82} = 8.9 \times 10^{-3}$ mol/l $CH_3COOH = \frac{2.4}{60} = 40 \times 10^{-3}$ mol/l

$pH = 4.7 + \log \frac{(8.9 \times 10^{-3})}{(40 \times 10^{-3})} = 4.7 - 0.7 = \underline{4.0}$

4-47 $pH = pK_2' + \log \frac{(K_2HPO_4)}{(KH_2PO_4)}$

$KH_2PO_4 = \frac{8.5}{136} = 0.0625$ mol/l $K_2HPO_4 = \frac{43.5}{174} = 0.25$ mol/l

$pH = 6.7 + \log \frac{0.25}{0.0625} = 6.7 + 0.6 = \underline{7.3}$

4-48 (a)   100 mg/l $KH_2PO_4 = \frac{100}{136,000} = 7.35 \times 10^{-4}$ M = [acid]

           200 mg/l $K_2HPO_4 = \frac{200}{174,000} = 1.15 \times 10^{-3}$ M = [salt]

           $pH = pK_{A2} + \log \frac{[salt]}{[acid]} = 7.21 + \log \frac{1.15 \times 10^{-3}}{7.35 \times 10^{-4}}$ pH = <u>7.40</u>

(4-48) (b) Add 20 mg/l HCl = $\frac{20}{36,500}$ = 5.48×10^{-4} M

$$pH = 7.21 + \log\left[\frac{1.15 \times 10^{-3} - 5.48 \times 10^{-4}}{7.35 \times 10^{-4} + 5.48 \times 10^{-4}}\right] \qquad pH = \underline{\underline{6.88}}$$

4-49 (a) $\quad pH = pK + \log\frac{(CH_3COONa)}{(CH_3COOH)}$

$(CH_3COONa) = \frac{250}{82,000} = 3.05 \times 10^{-3}$ $\quad$ $(CH_3COOH) = \frac{500}{60,000} = 8.33 \times 10^{-3}$

$pH = 4.7 + \log\frac{3.05 \times 10^{-3}}{8.33 \times 10^{-3}} = 4.7 + 0.4 = \underline{\underline{4.3}}$

(b) $\quad$ 20 mg/l HCl = $\frac{20}{36,500} = 0.55 \times 10^{-3}$ equiv/l

$(CH_3COONa) = 3.05 \times 10^{-3} - 0.55 \times 10^{-3} = 2.5 \times 10^{-3}$
$(CH_3COOH) = 8.33 \times 10^{-3} + 0.55 \times 10^{-3} = 8.88 \times 10^{-3}$

$pH = 4.7 + \log\frac{2.5 \times 10^{-3}}{8.88 \times 10^{-3}} = 4.7 - 0.6 = \underline{\underline{4.1}}$

(c) $\quad$ 20 mg/l NaOH = $\frac{20}{40,000} = 0.5 \times 10^{-3}$ liters

$(CH_3COONa) = 3.05 \times 10^{-3} + 0.5 \times 10^{-3} = 3.55 \times 10^{-3}$
$(CH_3COOH) = 8.33 \times 10^{-3} - 0.5 \times 10^{-3} = 7.83 \times 10^{-3}$

$pH = 4.7 + \log\frac{3.55 \times 10^{-3}}{7.83 \times 10^{-3}} = 4.7 - 0.3 = \underline{\underline{4.4}}$

4-50 (a) $\quad pH = pK_1 + \log\frac{(HCO_3^-)}{(H_2CO_3)}$

$(HCO_3^-) = \frac{50}{61,000} = 0.82 \times 10^{-3}$/l $\quad$ $(H_2CO_3) = \frac{20}{62,000} = 0.32 \times 10^{-3}$/l

$pH = 6.4 + \log\frac{0.82 \times 10^{-3}}{0.32 \times 10^{-3}} = 6.4 + 0.4 = \underline{\underline{6.8}}$

(b) $\quad$ 3 mg/l 0.02$\underline{N}$ H_2SO_4/200 ml = $3 \times 10^{-3}(0.02)\left(\frac{1000}{200}\right) = 0.3 \times 10^{-3}$ equiv/l

$(HCO_3^-) = 0.82 \times 10^{-3} - 0.3 \times 10^{-3} = 0.52 \times 10^{-3}$
$(H_2CO_3) = 0.32 \times 10^{-3} + 0.3 \times 10^{-3} = 0.62 \times 10^{-3}$

$pH = 6.4 + \log\frac{0.52 \times 10^{-3}}{0.62 \times 10^{-3}} = 6.4 - 0.1 = \underline{\underline{6.3}}$

(c) $\quad$ 2 mg/l 0.02$\underline{N}$ NaOH/200 ml = 0.3×10^{-3} equiv/l

$(HCO_3^-) = 0.82 \times 10^{-3} + 0.3 \times 10^{-3} = 1.12 \times 10^{-3}$
$(H_2CO_3) = 0.32 \times 10^{-3} - 0.3 \times 10^{-3} = 0.02 \times 10^{-3}$

$pH = 6.4 + \log\frac{1.12 \times 10^{-3}}{0.02 \times 10^{-3}} = 6.4 + 1.7 = \underline{\underline{8.1}}$

4-51 $\quad pH = pK + \log \frac{(CH_3COO^-)}{(CH_3COOH)} \qquad K_a = 1.8 \times 10^{-5} \qquad pK_A = 4.74$

$[H^+] + [Na^+] = [OH^-] + [CH_3COO^-]$

(a) Assume $[Na^+] = [CH_3COO^-] \qquad pH = 4.74 + \log \frac{[0.1]}{[0.1]} = 4.74$

$[H^+] = 10^{-4.74} \ll 0.1$; assumption OK. $\quad \therefore pH = \underline{4.74}$

$$\beta = 2.303 \left[\frac{K_w}{[H^+]} + [H^+] + \frac{C_T K_a [H^+]}{(K_a + [H^+])^2} \right]$$

$$= 2.303 \left[\frac{10^{-14}}{10^{-4.74}} + 10^{-4.74} + \frac{(0.1 + 0.1)(1.8 \times 10^{-5})(10^{-4.74})}{(1.8 \times 10^{-5} + 10^{-4.74})^2} \right]$$

$= \underline{0.115} \text{ mol/l}$

(b) Assume $[Na^+] = [CH_3COO^-] \qquad pH = 4.74 + \log \frac{[0.1]}{[0.1]} = 3.46$

$[H^+] = 10^{-3.46} \ll 0.01$; assumption OK. $\quad \therefore pH = \underline{3.46}$

$$\beta = 2.303 \left[\frac{10^{-14}}{10^{-3.46}} + 10^{-3.46} + \frac{(0.01 + 0.19)(1.8 \times 10^{-5})(10^{-3.46})}{(1.8 \times 10^{-5} + 10^{-3.46})^2} \right]$$

$= \underline{0.022} \text{ mol/l}$

(c) Assume $[Na^+] = [CH_3COO^-] \qquad pH = 4.74 + \log \frac{[0.18]}{[0.02]} = 5.69$

$[H^+] = 10^{-5.69} \ll 0.18$; assumption OK. $\quad \therefore pH = \underline{5.69}$

$$\beta = 2.303 \left[\frac{10^{-14}}{10^{-5.69}} + 10^{-5.69} + \frac{(0.18 + 0.2)(1.8 \times 10^{-5})(10^{-5.69})}{(1.8 \times 10^{-5} + 10^{-5.69})^2} \right]$$

$= \underline{0.042} \text{ mol/l}$

4-52 Eq. 4.62 $\qquad pH = pK_A + \log \frac{[salt]}{[acid]}$

Eq. 4.68 $\qquad \beta = 2.303 \left[\frac{K_w}{[H^+]} + [H^+] + \frac{C K_A [H^+]}{(K_A + [H^+])^2} \right]$

Table 4.1 $\qquad K_A = 2.9 \times 10^{-8} \qquad pK_A = 7.5 \qquad C = 0.01 \qquad K = 10^{-14}$

(a) $pH = 7.5 + \log \frac{[0.005]}{[0.005]} = \underline{7.5} \qquad [H^+] = K_A = 2.9 \times 10^{-8}$

$$\beta = 2.303 \left[\frac{10^{-14}}{2.9 \times 10^{-8}} + 2.9 \times 10^{-8} + \frac{0.01(2.9 \times 10^{-8})(2.9 \times 10^{-8})}{(2.9 \times 10^{-8} + 2.9 \times 10^{-8})^2} \right] = \underline{5.8 \times 10^{-3}}$$

(b) $pH = 7.5 + \log \frac{[0.009]}{[0.001]} = 7.5 + 0.95 = \underline{8.45} \qquad [H^+] = 10^{-8.45} = 3.55 \times 10^{-9}$

$\beta = \underline{2.2 \times 10^{-3}}$

(c) $pH = 7.5 + \log \frac{[0.002]}{[0.008]} = 7.5 - 0.60 = \underline{6.90} \qquad [H^+] = 10^{-6.90} = 1.26 \times 10^{-7}$

$\beta = \underline{3.5 \times 10^{-3}}$

4-53 $\beta = 2.303\left[\dfrac{K_w}{[H^+]} + [H^+] + \dfrac{C_T K_A [H^+]}{(K_A + [H^+])^2}\right]$

$K_w = 10^{-14}$, $K_A = 1.8 \times 10^{-5}$, $C_T = 0.1$, $[H^+] = 10^{-pH}$

$\beta = 2.303\left[\dfrac{10^{-14}}{10^{-pH}} + 10^{-pH} + \dfrac{0.1(1.8 \times 10^{-5})\, 10^{-pH}}{(1.8 \times 10^{-5} + 10^{-pH})^2}\right]$

pH	β	pH	β	pH	β
1.0	0.230	4.0	0.030	5.2	0.044
2.0	0.023	4.3	0.045	5.5	0.029
2.5	0.0086	4.74	0.058	6.5	0.0039
3.0	0.0063	4.6	0.056	6.0	0.0115
3.5	0.012	4.9	0.058	6.5	0.0039

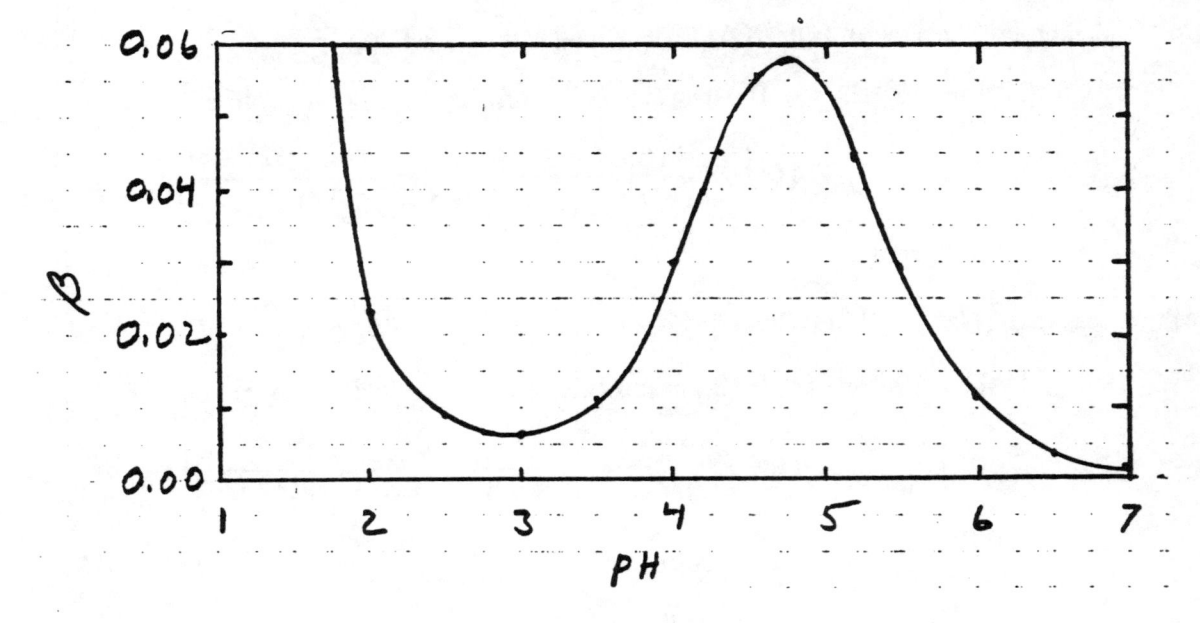

4-54 $\beta = 2.303\left[\dfrac{K_w}{[H^+]} + [H^+] + \dfrac{C_T K_A [H^+]}{(K_A + [H^+])^2}\right]$

$= 2.303\left[\dfrac{10^{-14}}{10^{-pH}} + 10^{-pH} + \dfrac{0.1(5.56 \times 10^{-10})\, 10^{-pH}}{(5.56 \times 10^{-10} + 10^{-pH})^2}\right]$

pH	β	pH	β	pH	β
7.0	0.0013	9.26	0.058	11.5	0.0086
7.5	0.0039	9.5	0.053	12.0	0.023
8.0	0.0115	10.0	0.030	12.5	0.073
8.5	0.029	10.5	0.013	13.0	0.23
9.0	0.053	11.0	0.0063		

(see plot on next page)

(4-54)

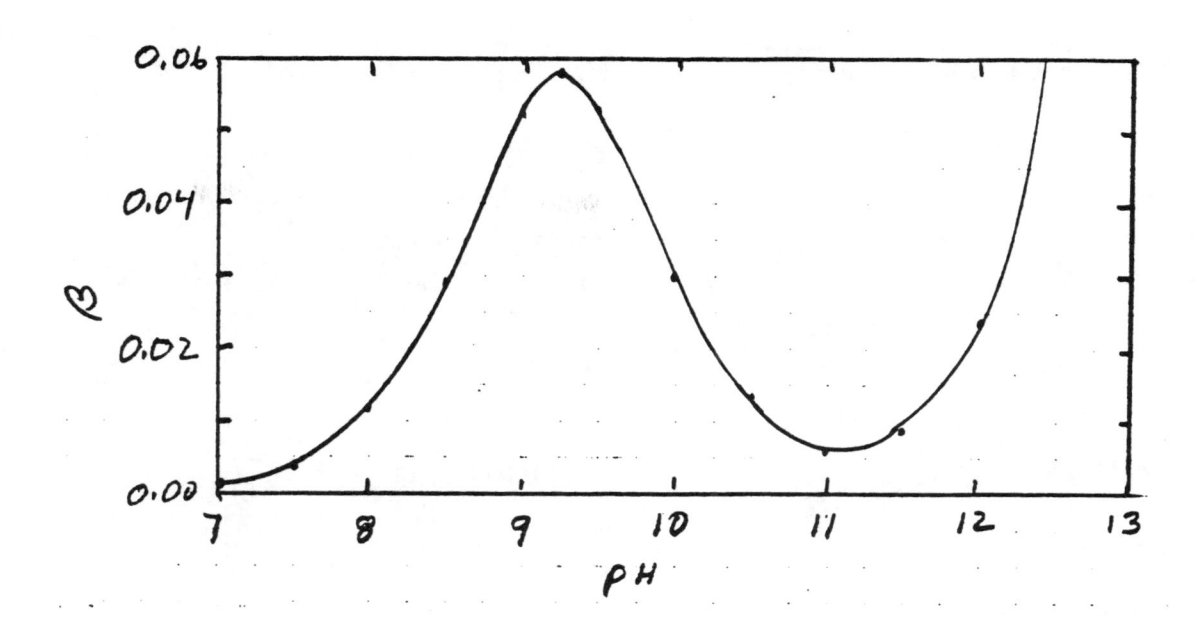

[Graph: β vs pH, with β on y-axis ranging from 0.00 to 0.06, and pH on x-axis from 7 to 13. Curve peaks near pH 9.2 at about 0.058, has a minimum near pH 11, and rises again past pH 12.]

4-55 Select the $H_2PO_4^-/HPO_4^{2-}$ system:

-- $H_2CO_3^*$ could be used if system is closed;
-- cannot use H_2S/HS^- because H_2S would be oxidized;
-- cannot use $HOCl/OCl^-$ because would kill bacteria and will react with NH_3

(a) $pH = pK_{A2} + \log\frac{salt}{acid}$ $\qquad$ $7.0 = 7.21 + \log\frac{salt}{acid}$

$-0.21 = \log\frac{salt}{acid}$ $\qquad\qquad$ $\frac{[salt]}{[acid]} = 0.617$

Let $[acid] = x$: $\quad [salt] = 0.617x$

Now, $7 - 0.3 = 7.21 + \log\dfrac{0.617x - \text{acid produced}}{x + \text{acid produced}}$

acid produced $= 2\dfrac{\text{mol }H^+}{\text{mol }N}\left(\dfrac{50}{14,000}\right) = = 7.14 \times 10^{-3} M$

$-0.51 = \log\dfrac{0.617x - 7.14 \times 10^{-3}}{x + 7.14 \times 10^{-3}}$ $\qquad$ $0.309 = \dfrac{0.617x - 7.14 \times 10^{-3}}{x + 7.14 \times 10^{-3}}$

$0.309(x + 7.14 \times 10^{-3}) = 0.617 - 7.14 \times 10^{-3}$

$0.309x = 9.35 \times 10^{-3}$: $\qquad\qquad\qquad$ $x = 3.03 \times 10^{-2} M$

$[H_2PO_4^-] = \underline{3.03 \times 10^{-2} M}$ and $[HPO_4^{2-}] = \underline{1.87 \times 10^{-2} M}$

(b) $\beta = 2.3\left([H^+] + [OH^-] + \dfrac{[acid][base]}{[acid] + [base]}\right)$

$= 2.3\left(10^{-7} + 10^{-7} + \dfrac{(3.03 \times 10^{-2})(1.87 \times 10^{-3})}{3.03 \times 10^{-2} + 1.87 \times 10^{-3}}\right)$

$\beta = \underline{2.66 \times 10^{-2} M}$

4-56 (a) $\quad pH = pK_A + \log\frac{(salt)}{(acid)} = 4.28 + \log\frac{0.02}{0.01}\qquad pH = \underline{4.58}$

$$C_T = 0.01 + 0.02$$
$$\downarrow$$

(b) $\quad \beta = 2.3\left(10^{-4.58} + 10^{-9.42} + \frac{(10^{-4.58})(0.03)(10^{-4.28})}{(10^{-4.58} + 10^{-4.28})^2}\right)\quad \beta = \underline{1.54 \times 10^{-2}M}$

(c) $\quad pH = 4.28 + \log\frac{0.02 + 0.001}{0.01 - 0.001}\qquad \underline{pH = 4.65}$

4-57 $pH = pK_A + \log\frac{salt}{acid}\qquad\qquad$ Select $H_2PO_4^-/HPO_4^{2-}$

$7.5 = 7.21 + \log\frac{salt}{acid}\quad\rightarrow\quad \frac{salt}{acid} = 10^{0.29} = 1.95$

Let acid = x and salt = 1.95x. Base produced $\rightarrow$ pH increase.

$8.0 = 7.21 + \log\frac{1.95x + 10^{-3}}{x - 10^{-3}}\qquad \frac{1.95x + 10^{-3}}{x - 10^{-3}} = 10^{0.79} = 6.17$

$1.95x + 10^{-3} = 6.17x - 6.17 \times 10^{-3}\qquad x = \frac{6.17 \times 10^{-3} + 10^{-3}}{6.17 - 1.95} = 1.70 \times 10^{-3}$

acid = $H_2PO_4^- = \underline{1.70 \times 10^{-3}M}\qquad$ salt = $HPO_4^{2-} = \underline{3.32 \times 10^{-3}M}$

4-58 See Fig. 4.10, MW $NH_3 = 17$

(a) $\quad pNH_3 = -\log\left(\frac{0.1}{17{,}000}\right) = 5.23\qquad\qquad \underline{Cu^{2+}}$ (> 90%)

(b) $\quad pNH_3 = -\log\left(\frac{1}{17{,}000}\right) = 4.23\qquad\qquad \underline{Cu^{2+}}$ (~ 65%)

(c) $\quad pNH_3 = -\log\left(\frac{10}{17{,}000}\right) = 3.23\qquad\qquad \underline{Cu(NH_3)_2^{2+}}$ (~ 50%)

(d) $\quad pNH_3 = -\log\left(\frac{100}{17{,}000}\right) = 2.23\qquad\qquad \underline{Cu(NH_3)_3^{2+}}$ (~ 55%)

4-59 Use Fig. 4.9 and assume $-7 = -5$, etc. for concentration, then at $pNH_3 = 4$:

	log [Cu(II)]	[Cu(II)]
Cu^{2+}	-5.0	10^{-5}
$Cu(NH_3)^{2+}$	-5.0	10^{-5}
$Cu(NH_3)_2^{2+}$	-5.6	2.5×10^{-6}
$Cu(NH_3)_3^{2+}$	-7.0	10^{-7}
$Cu(NH_3)_4^{2+}$	-12.0	10^{-12}

4-60 Figure 4.9 can be used to solve this problem. Simply shift the ordinate scale downward so that the new value, where the Cu^{2+} horizontal line intersects, is $\log(10^{-4}) = -4$ instead of -7. Then, where $pNH_3 = -\log(10^{-3}) = 3$,

$$Cu(NH_3)^{2+} = \underline{10^{-3}M}$$

$$Cu(NH_3)_2^{2+} = 10^{-2.5} = \underline{3 \times 10^{-3}M}$$

$$Cu(NH_3)_3^{2+} = \underline{10^{-3}M}$$

$$Cu(NH_3)_4^{2+} = \underline{10^{-6}M}$$

4-61

Table 4.4
$$\begin{cases} Hg^{2+} + Cl^- \rightleftarrows HgCl^+ & K_1 = 10^{6.72} \\ HgCl^- + Cl^- \rightleftarrows HgCl_2 & K_2 = 10^{6.51} \\ HgCl_2 + Cl^- \rightleftarrows HgCl_3^- & K_3 = 10 \\ HgCl_3^- + Cl^- \rightleftarrows HgCl_4^- & K_4 = 10^{0.97} \end{cases}$$

$[HgCl^+] = 10^{6.72}(10^{-7})[Cl^-]^2 = 10^{1.72}[Cl^-]$ $p[HgCl^+] = -0.28 - p\,Cl^-$

$[HgCl_2] = 10^{6.51}(10^{-0.28})[Cl^-]^2$ $p[HgCl_2] = 6.23 - 2\,p\,Cl^-$

$[HgCl_3^-] = 10(10^{6.23})[Cl^-]^3$ $p\,HgCl_3^- = 7.23 - 3\,p\,Cl^-$

$[HgCl_4^{2-}] = 10(10^{7.23})[Cl^-]^4$ $p\,HgCl_4^{2-} = 8.23 - 4\,p\,Cl^-$

	Cl^- mg/l	$[Cl^-]$	$p\,Cl^-$	From Figure
(a)	0.1	2.81×10^{-6}	5.55	
(b)	1	2.81×10^{-5}	4.55	$HgCl_2$ predominates
(c)	10	2.81×10^{-4}	3.55	under all conditions
(d)	100	2.81×10^{-3}	2.55	

(see plot on next page)

(4-61)

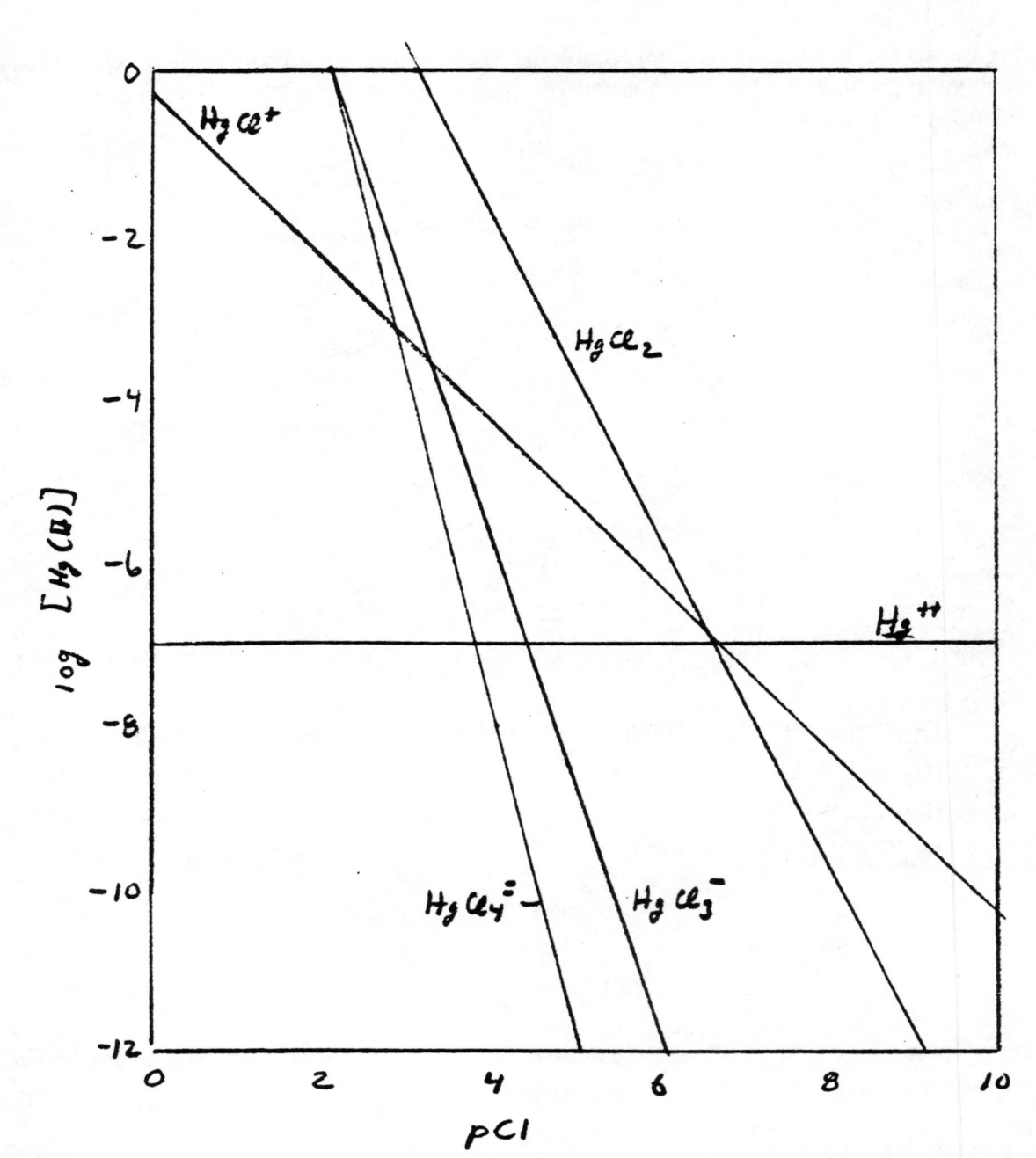

Figure: log [Hg(II)] vs pCl showing species $HgCl^+$, $HgCl_2$, Hg^{++}, $HgCl_4^{=}$, $HgCl_3^{-}$.

4-62
$$\frac{[AlF^{2+}]}{[Al^{3+}][F^-]} = K_1 = 10^{6.16}$$

$$\frac{[AlF_2^+]}{[AlF^{2+}][F^-]} = K_2 = 10^{5.05}$$

$$\frac{[AlF_3]}{[AlF_2^+][F^-]} = K_3 = 10^{3.91}$$

$$\frac{[AlF_4^-]}{[AlF_3][F^-]} = K_4 = 10^{2.71}$$

Since $\log [Al^{3+}] = -4$ and $pF = -\log [F^-]$, then

$$\log [AlF^{2+}] = -4 + 6.16 - pF = 2.16 - pF$$

4-34

(4-62)
$$\log [AlF_2^+] = 5.05 - pF + 2.16 - pF = 7.21 - 2pF$$
$$\log [AlF_3] = 3.91 - pF + 7.21 - 2pF = 11.1 - 3pF$$
$$\log [AlF_4^-] = 2.71 - pF + 11.1 - 3pF = 13.8 - 4pF$$

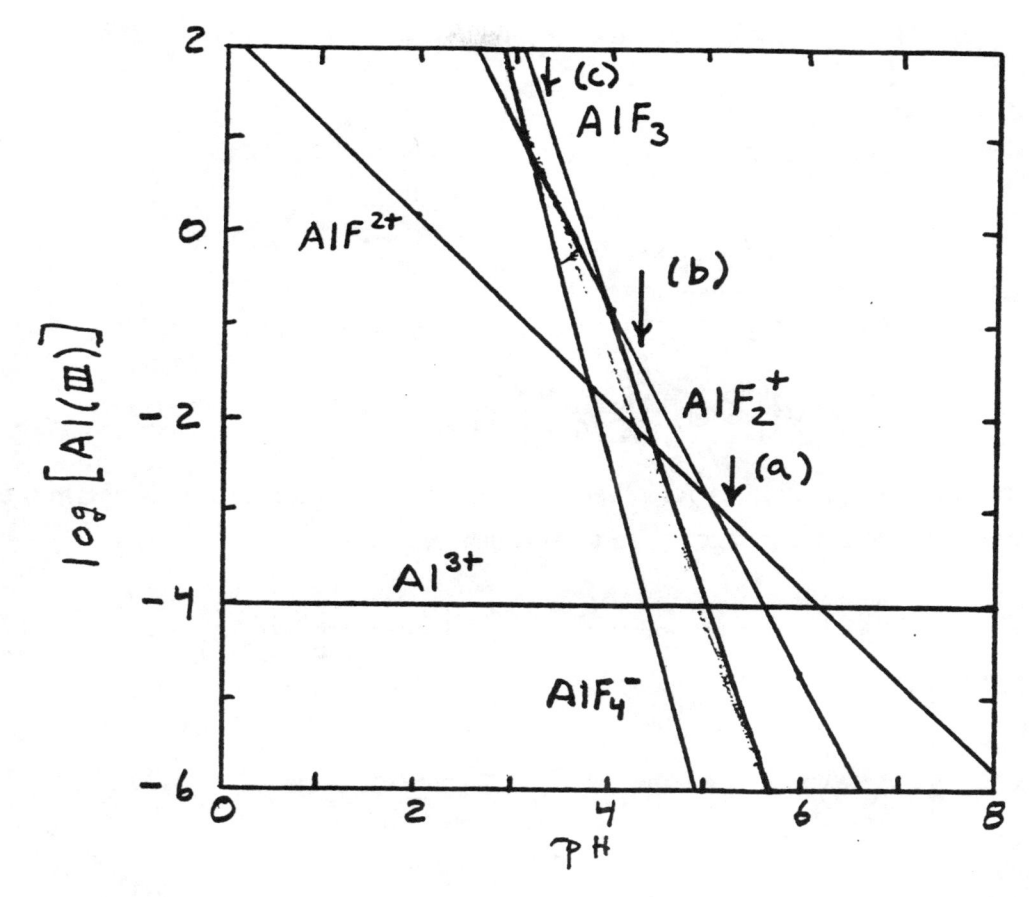

[Figure: plot of $\log[Al(III)]$ vs pH showing lines for Al^{3+}, AlF^{2+}, AlF_2^+, AlF_3, AlF_4^-, with arrows marking (a), (b), (c)]

(a) 0.1 mg/l F⁻   pF = −log (0.1/19,000) = 5.28 $\underline{\underline{AlF^{2+}}}$
(b) 1 mg/l F⁻   pF = 4.28 $\underline{\underline{AlF_2^+}}$
(c) 10 mg/l F⁻   pF = 3.28 $\underline{\underline{AlF_3}}$

4-63

$$\frac{[HgCl^+]}{[Hg^{2+}][Cl^-]} = K_1 = 10^{6.72} \qquad \frac{[HgCl_2]}{[HgCl^+][Cl^-]} = K_2 = 10^{6.51}$$

$$\frac{[HgCl_3^-]}{[HgCl_2][Cl^-]} = K_3 = 10^{1.0} \qquad \frac{[HgCl_4^{2-}]}{[HgCl_3^-][Cl^-]} = K_4 = 10^{0.97}$$

Assuming $[Hg^{2+}] = 1$,

$$\log [HgCl^+] = \log K_1 + \log [Cl^-] + \log(1) = 6.72 - pCl$$
$$\log [HgCl_2] = 6.51 + 6.72 - 2pCl = 13.2 - 2pCl$$
$$\log [HgCl_3^-] = 1.0 + 13.2 - 3pCl = 14.2 - 3pCl$$
$$\log [HgCl_4^{2-}] = 0.97 + 14.2 - 4pCl = 15.2 - 4pCl$$

(4-63) From which,
$$[HgCl^+] = 10^{(6.72 - pCl)} \text{ etc.}$$

Prepare a table of conc [Hg(II)] for each species as function of pCl, for example, when pCl = 1

$$[Hg^{2+}] = 1, \quad [HgCl^+] = 10^{5.72}, \quad [HgCl_2] = 10^{11.2}$$

$$[HgCl_3^-] = 10^{11.2}, \quad [HgCl_4^{2-}] = 10^{11.2}$$

$$\Sigma [Hg(II)] = 4.75(10^{11})$$

$$\alpha_0 = \frac{1}{4.75 \times 10^{11}} = 0.00$$

$$\alpha_1 = \frac{10^{5.72}}{4.75 \times 10^{11}} = 0.00$$

$$\alpha_2 = \alpha_3 = \alpha_4 = \frac{10^{11.2}}{4.75 \times 10^{11}} = 0.33$$

Perform similar calculations for other values of pCl and plot results to obtain the distribution diagram on the following page. [Use of spreadsheet is most helpful!]

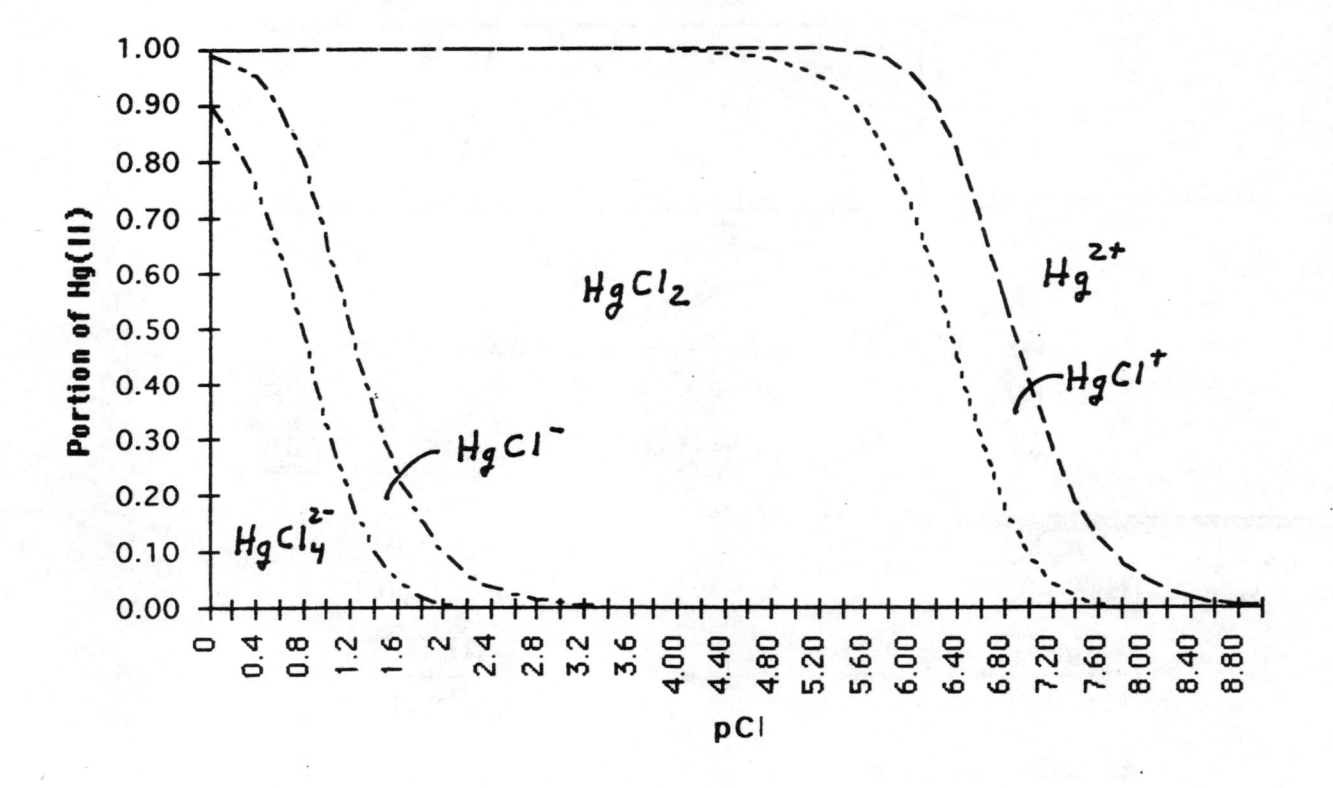

4-64 Follow procedure outlined for Prob. 4-63 above, but using aluminum and fluoride, with [Al^{3+}] assumed = 1 and pF = –log [F$^-$]. Following procedures similar to that for Prob. 4-62 above, the following equations result:

$$[Al^{3+}] = 1$$
$$\log [AlF^{2+}] = 6.16 - pF$$
$$\log [AlF_2^+] = 5.05 + 6.16 - 2pF = 11.21 - 2pF$$

(4-64)
$$\log [AlF_3] = 3.91 + 11.21 - 3pF = 15.12 - 3pF$$
$$\log [AlF_4] = 2.71 + 15.12 - 4pF = 17.83 - 3pF$$

Prob. 4-63 example procedure applied here, gives the following distribution diagram.

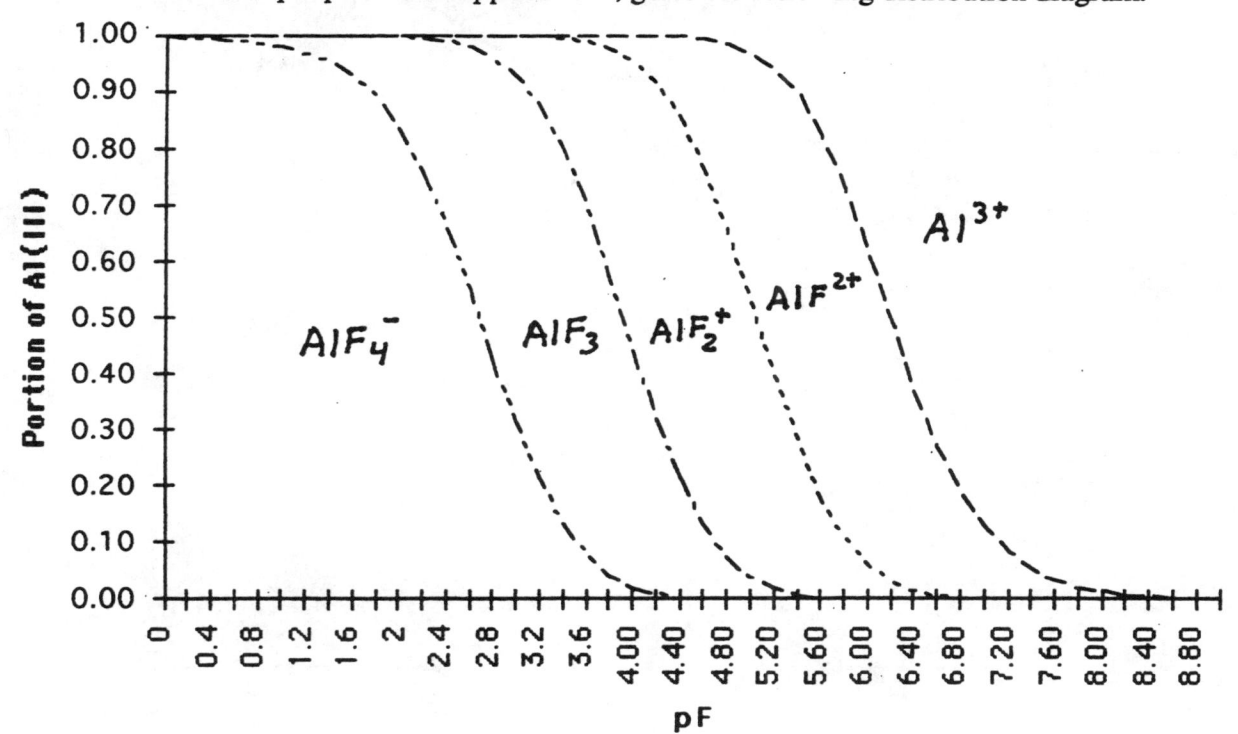

[Distribution diagram: Portion of Al(III) vs pF, showing curves for AlF_4^-, AlF_3, AlF_2^+, AlF^{2+}, and Al^{3+}]

4-65 Use Fig. 4.11: $[Cl^-] = \dfrac{35}{35,500} = 10^{-3}$ $pCl^- = 3$

(a) pH = 6 $HgCl_2$
(b) pH = 7 $Hg(OH)_2$
(c) pH = 8 $Hg(OH)_2$
(d) pH = 9 $Hg(OH)_2$

4-66 Fe(III)

$$\dfrac{Fe(OH)^{2+}}{[Fe^{3+}][OH^-]} = 10^{11.5} \qquad \dfrac{[Fe(OH)_2^+]}{[Fe(OH)^{2+}][OH^-]} = 10^{9.3}$$

$$[Fe^{3+}][OH^-]^3 = K_{sp} = 5 \times 10^{-15} \qquad \dfrac{[FeF^{2+}]}{[Fe^{3+}][F^-]} = 10^{5.25}$$

$$\dfrac{[FeF_2^+]}{[FeF^{2+}][F^-]} = 10^{4.0} \qquad \dfrac{[FeF_3]}{[FeF_2^+][F^-]} = 10^3$$

$$[Fe(III)] = [Fe^{3+}] + [Fe(OH)^{2+}] + [Fe(OH)_2^+] + [Fe(OH)_3] + [FeF^{2+}] + [FeF_2^+] + [FeF_3]$$

$$pOH = 14 - pH$$

Assume no $Fe(OH)_3$ precipitation and that $[Fe^{3+}] = 10^{-6}$. Problem best solved with a spreadsheet as there are many computations. Results indicated in predominance area diagram shown on the next page.

4-37

(4-66)

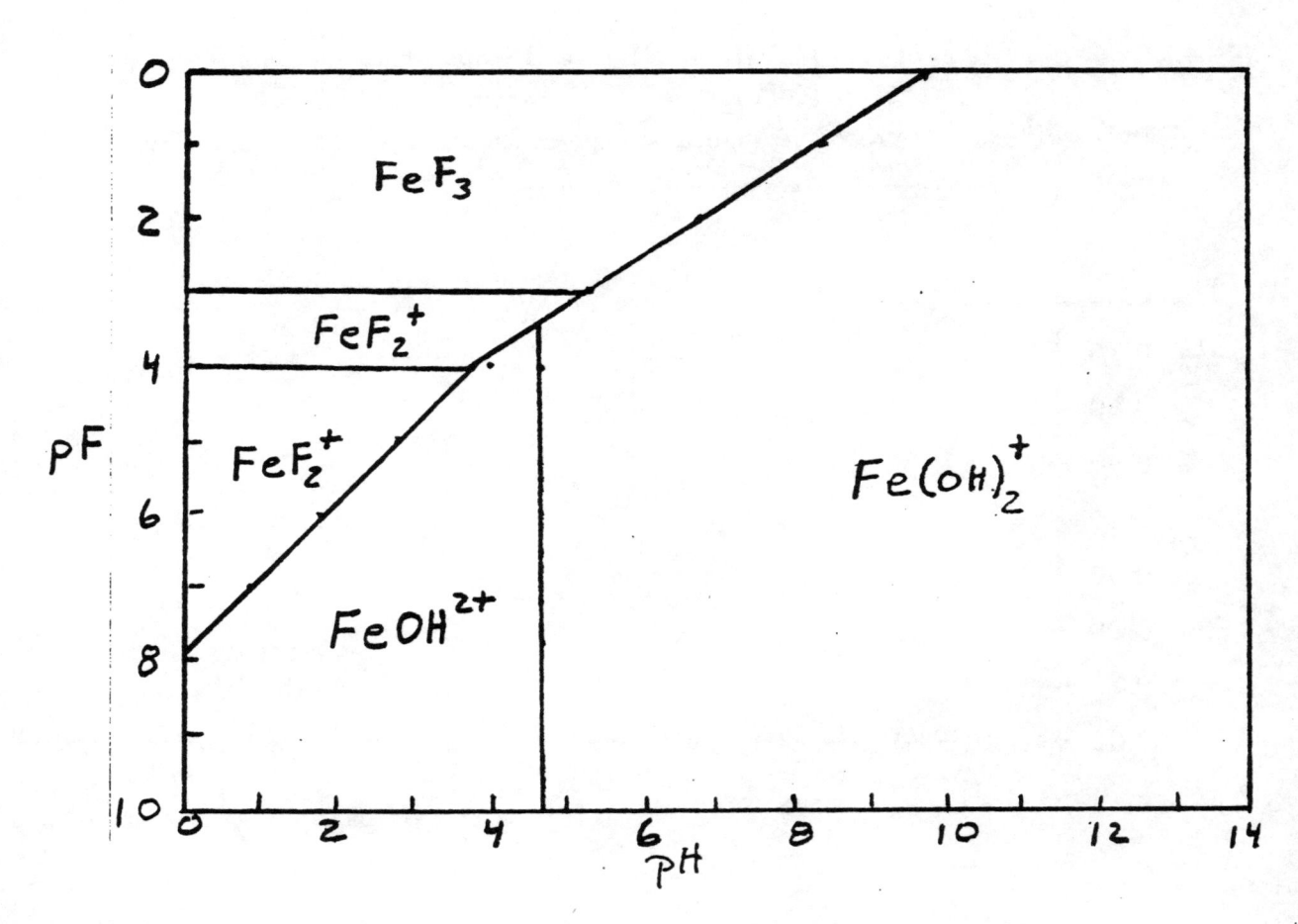

[Figure: Predominance diagram with pF (0 to 10) on vertical axis and pH (0 to 14) on horizontal axis, showing regions for FeF_3, FeF_2^+, FeF^{2+}, $FeOH^{2+}$, and $Fe(OH)_2^+$.]

4-67 pH = 9.0

$$\frac{[H^+][CN^-]}{[HCN]} = 4.8 \times 10^{-10} \rightarrow [CN^-] = 0.480\,[HCN], \qquad [HCN] = 2.083\,[CN^-]$$

$$C_{T,CN} = [HCN] + [CN^-] + 4\,[Ni(CN)_4^{2-}] = 10^{-3}\,M \tag{1}$$

$$C_{T,Ni} = [Ni^{2+}] + [Ni(CN)_4^{2-}] \cong 2 \times 10^{-4}\,M \tag{2}$$

$$\frac{[Ni(CN)_4^{2-}]}{[Ni^{2+}][CN^-]^4} = 1 \times 10^{30} \qquad \text{looks like strong complex}$$

Approximate: assume $[Ni(CN)_4^{2-}] \cong 2 \times 10^{-4}$, $([Ni^{2+}] \cong 0)$ from MB (1)

$$\therefore [HCN] + 0.480[HCN] + 4(2 \times 10^{-4}) = 10^{-3}$$

$$[HCN] = \underline{1.35 \times 10^{-4}} \quad \text{and} \quad [CN^-] = \underline{6.49 \times 10^{-5}}$$

$$[Ni(CN)_4^{2-}] = \underline{2 \times 10^{-4}} \quad \text{and} \quad [Ni^{2+}] = \underline{1.13 \times 10^{-17}}$$

Check exact: from (1) and (2),

$$2.083[CN^-] + [CN^-] + 4\left(2 \times 10^{-4} - [Ni^{2+}]\right) = 10^{-3}$$

or $\quad [CN^-] = 1.30[Ni^{2+}] + 6.49 \times 10^{-5}$

(4-67) So: $$\frac{2 \times 10^{-4} - [Ni^{2+}]}{[Ni^{2+}](1.30[Ni^{2+}] + 6.49 \times 10^{-5})^4} = 1 \times 10^{30}$$

Substitute in $[Ni^{2+}] = 5.9 \times 10^{-18}$ -- error is very small !!

$(9.98 \times 10^{-29}$ vs $1.0 \times 10^{-30})$

4-68 Using Fig. 4.13, draw a horizontal line at log $[M^{2+}] = -4$, and read pH corresponding to intersection of this line with metal species of interest. This indicates the following:

(a) pH = <u>5.3</u>, (b) pH = <u>6.6</u>, (c) pH = <u>7.7</u>, (d) pH = <u>10.2</u>, (e) pH = <u>13.4</u>

4-69 Using Fig. 4.13:

    (a) 3.2   (b) 9.2   (c) 10.0   (d) 5.0   (e) 10.8   (f) 7.2

4-70 Using Fig. 4.12, draw a horizontal line at log $[M^{2+}] = -4$, and read pCO_3 corresponding to the intersection of this line with the noted species of interest. Then, using $[CO_3^{2-}] = 10^{pCO_3}$, concentrations of $[CO_3^{2-}]$ in mol/l or M equals:

(a) $pCO_3 = 1$, $[CO_3^{2-}] = 0.1M$; (b) $pCO_3 = 4.3$, $[CO_3^{2-}] = 5 \times 10^{-5}M$;

(c) $pCO_3 = 5$, $[CO_3^{2-}] = 10^{-5}m$; (d) $pCO_3 = 6.75$, $[CO_3^{2-}] = 1.8 \times 10^{-7}$;

(e) $pCO_3 = 8.8$, $[CO_3^{2-}] = 1.6 \times 10^{-9}$.

4-71 From Fig. 4.12:

	Ion	pCO_3^{2-}	$[CO_3^{2-}]$
(a)	Ca^{2+}	3.4	4×10^{-4}
(b)	Cu^{2+}	4.7	2×10^{-5}
(c)	Fe^{2+}	5.3	5×10^{-6}
(d)	Cd^{2+}	6.3	5×10^{-7}
(e)	Pb^{2+}	7.8	1.6×10^{-8}

4-72 Using Fig. 4.14, draw a horizontal line corresponding to log $[Ca^{2+}]$, where $[Ca^{2+}]$ = mol/l or M concentration of Ca^{2+} of interest. Draw a vertical line where the above intersects the curve for <u>C</u> = 10^{-2}, the intersection with the abscissa gives the minimum pH desired. The following pH values result:

(a) log $[Ca^{2+}] = -3$, pH = 7.1; (b) log $[Ca^{2+}] = -4$, pH = 8.1; (c) log $[Ca^{2+}] = -5$, pH = 9.1

4-73 From Fig. 4.14:

    (a) 9.1   (b) 10.4   (c) solution not saturated with $CaCO_3$

4-74 The problem requires drawing a curve similar to those in Fig. 4.14, but with $C = 10^{-1}$.

$$C = [H_2CO_3^*] + [HCO_3^-] + [CO_3^{2-}] = 10^{-1} \quad (1)$$

$$[H^+][OH^-] = K_w = 10^{-14} \quad (2)$$

$$[Ca^{2+}][CO_3^{2-}] = K_{sp} = 5 \times 10^{-9} \quad (3)$$

$$\frac{[H^+][CO_3^{2-}]}{[HCO_3^-]} = K_2 = 4.7 \times 10^{-11} \quad (4)$$

$$\frac{[H^+][HCO_3^-]}{[H_2CO_3^*]} = K_1 = 4.3 \times 10^{-7} \quad (5)$$

Using above equations, select a value of $[CO_3^{2-}] \leq 10^{-1}$, say, $[CO_3^{2-}] = 10^{-2}$. Determine $[Ca^{2+}]$ from Eq. (3):

$$[Ca^{2+}] = \frac{5 \times 10^{-9}}{10^{-2}} = 5 \times 10^{-7}$$

From Eq. (4), $[HCO_3^-] = \dfrac{[H^+](10^{-2})}{4.7 \times 10^{-11}}$ From Eq. (5), $[H_2CO_3^*] = \dfrac{[H^+][HCO_3^-]}{4.3 \times 10^{-7}}$

Substituting into Eq. (1):

$$\frac{[H^+][H^+](10^{-2})}{4.3 \times 10^{-7}(4.7 \times 10^{-11})} + \frac{[H^+](10^{-2})}{4.7 \times 10^{-11}} + 10^{-2} = 10^{-1}$$

$$[H^+]^2 + 4.3 \times 10^{-7}[H^+] + (4.3 \times 10^{-7})(4.7 \times 10^{-11})\left(1 - \frac{10^{-1}}{10^{-2}}\right) = 0$$

$$[H^+] = \frac{-4.3 \times 10^{-7} \pm \sqrt{(4.3 \times 10^{-7})^2 - 4(4.3 \times 10^{-7})(4.7 \times 10^{-11})\left(1 - \frac{10^{-1}}{10^{-2}}\right)}}{2}$$

$$= 4.22 \times 10^{-10}$$

$$pH = -\log[H^+] = -\log[4.22 \times 10^{-10}] = 9.4$$

$$\log[Ca^{2+}] = \log(5 \times 10^{-7}) = -6.3$$

Recalculate values for pH and $\log[Ca^{2+}]$ in a similar fashion for other assumed values of $[CO_3^{2-}] \leq 10^{-1}$, and plot results. Should produce a curve as in Fig. 4.14, but lying about midway between that for $C = 10^0$ and $C = 10^{-2}$.

4-75 Use Fig. 4.14:

$$Ca^{2+} \text{ removed} = 2 \times 10^{-3} - 2 \times 10^{-4} = 1.8 \times 10^{-3}$$

$$\underline{C} \text{ remaining} = 2 \times 10^{-2} - 1.8 \times 10^{-3} = 18.2 \times 10^{-3} = \underline{1.82 \times 10^{-2}}$$

$$\log[Ca^{2+}] \text{ remaining} = -3.70$$

$$pH = \underline{7.6}$$

4-76 Pertinent equations are:

$$[Cd^{2+}][OH^-]^2 = K_{sp} = 2 \times 10^{-14} \tag{1}$$

$$\frac{[CdOH^+]}{[Cd^{2+}][OH^-]} = K_1 = 10^{6.08} \tag{2}$$

$$\frac{[Cd(OH)_2]}{[CdOH^+][OH^-]} = K_2 = 10^{2.62} \tag{3}$$

$$\frac{[Cd(OH)_3^-]}{[Cd(OH)_2][OH^-]} = K_3 = 10^{-0.32} \tag{4}$$

$$\frac{[Cd(OH)_4^{2-}]}{[Cd(OH)_3^-][OH^-]} = K_4 = 10^{0.04} \tag{5}$$

$$C = [Cd^{2+}] + [CdOH^+] + [Cd(OH)_2] + [Cd(OH)_3^-] + [Cd(OH)_4^{2-}] \tag{6}$$

$$[H^+][OH^-] = K_w = 10^{-14} \tag{7}$$

First, assume values for $[OH^-]$, for which $[H^+] = 10^{-14}/[OH^-]$ and $pH = -\log[H^+]$. Then solve Eq. (1) for Cd^{2+}, Eq. (2) for $CdOH^+$, etc., through Eq. (6). Repeat process for other values of $[OH^-]$ and plot $\log[C_n]$ for all species and total concentration C. A spreadsheet here is most useful!

Results are illustrated below.

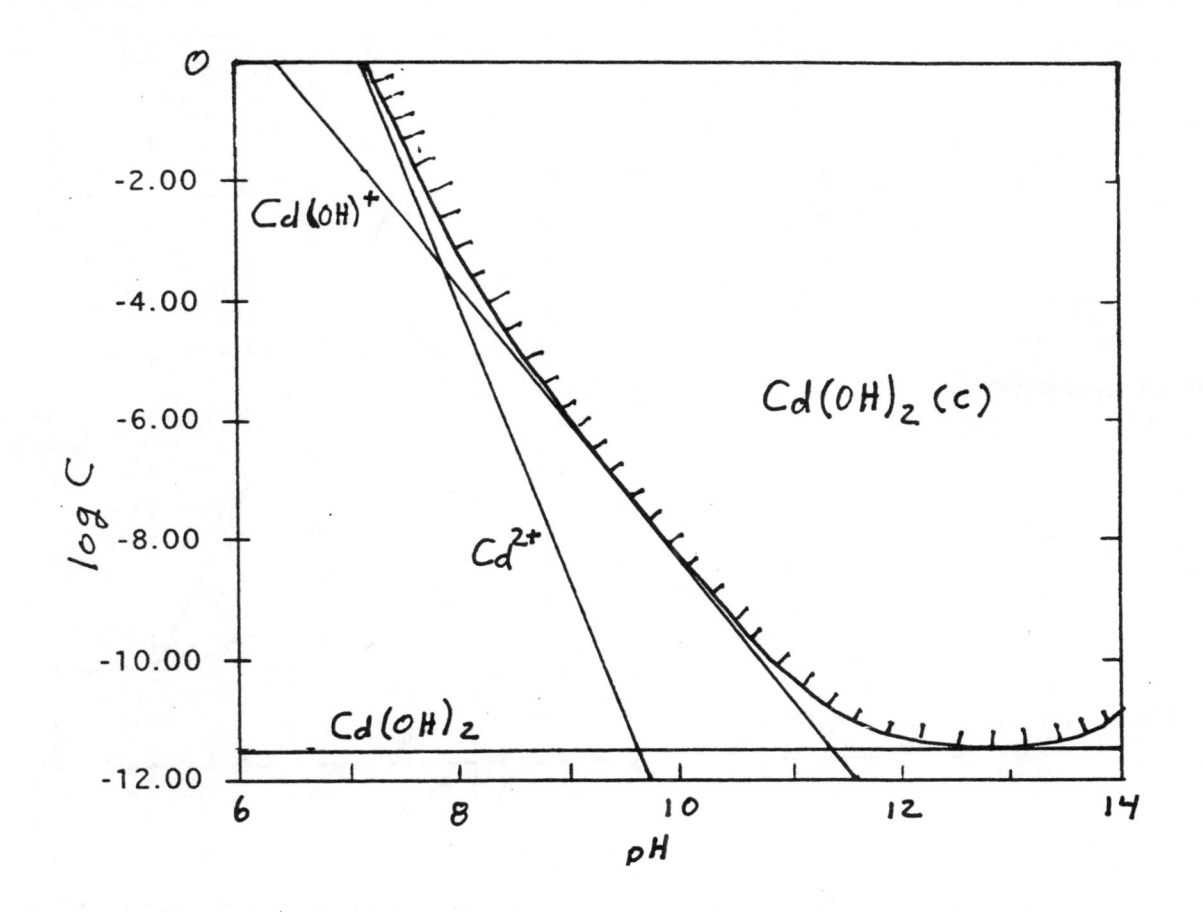

4-77 $[Pb^{2+}][OH^-]^2 = 2.5 \times 10^{-16}$

$\log[Pb^{2+}] = -15.60 - 2\log[OH^-]$ $-14.0 = \log[H^+] + \log[OH^-]$

So, $\log[OH^-] = pH - 14.0$

So, $\log[Pb^{2+}] = -15.60 - 2(pH - 14.0):$ $\log[Pb^{2+}] = 12.4 - 2\,pH$

Taking stability constants from Table 4.5:

$\log[PbOH^+] = 7.82 + \log[Pb^{2+}] + \log[OH^-]$
$ = 7.82 + 12.4 - 2\,pH + pH - 14.0;$ $\log[PbOH^+] = 6.22 - pH$

$\log[Pb(OH)_2^0] = 3.06 + \log[PbOH^+] + \log[OH^-]$
$ = 3.06 + 6.22 - pH + pH - 14.0$ $\log[Pb(OH)_2^0] = -4.72$

$\log[Pb(OH)_3^-] = 3.06 + \log[Pb(OH)_2^0] + \log[OH^-]$
$ = 3.06 - 4.72 + pH - 14.0$ $\log[Pb(OH)_3^-] = -15.66 + pH$

Plot these equations on log C–pH diagram (see below).

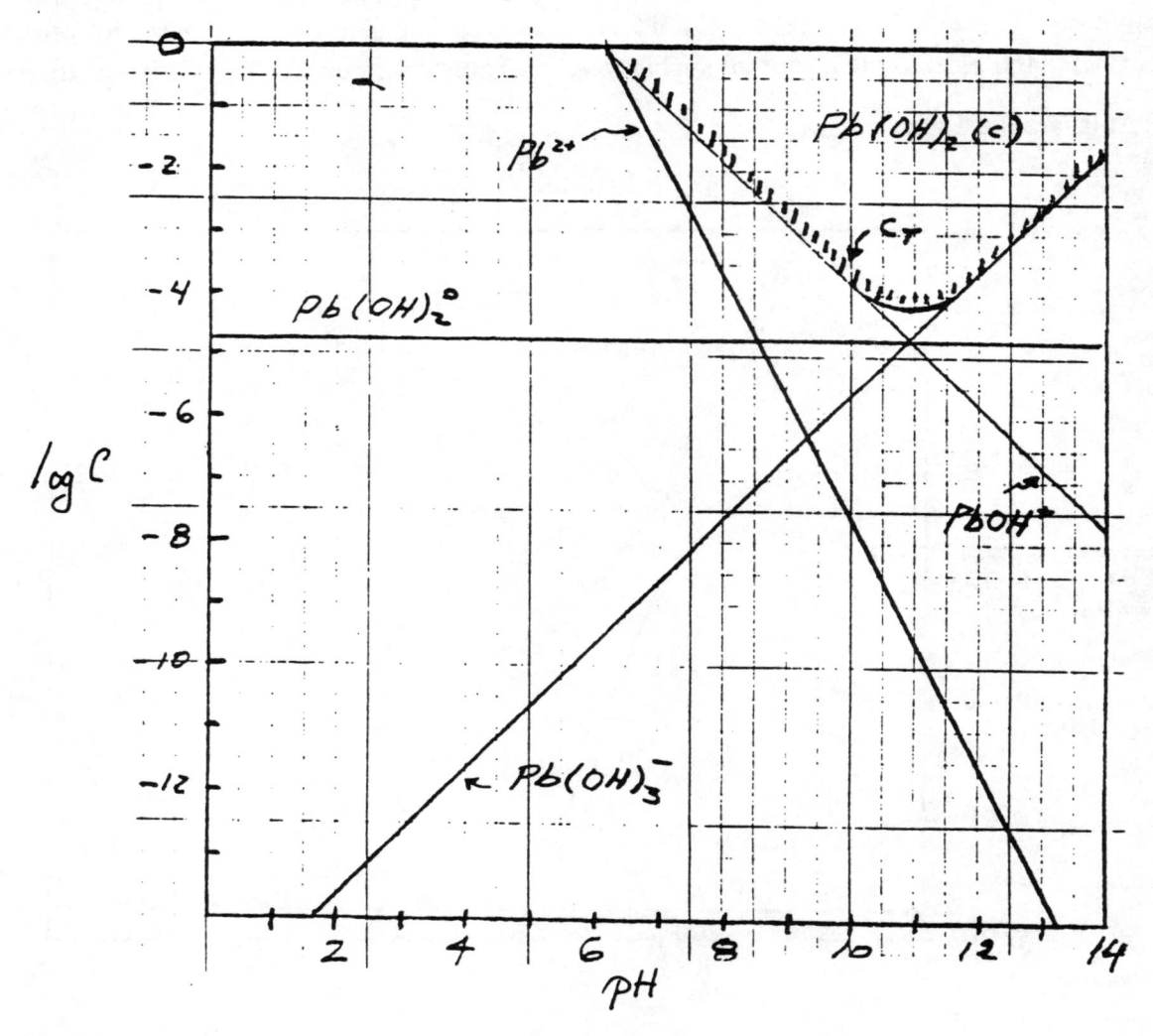

<u>Minimum solubility at pH ≈ 11.0</u>   Minimum solubility = $10^{-4.25}$ M = <u>11.7 mg/l Pb</u>

4-78 $[Fe^{3+}][OH^-]^3 = 6 \times 10^{-38}$ $\qquad [Fe^{3+}] = \dfrac{6 \times 10^{-38}}{(10^{-7})^3} = 6 \times 10^{-17} M$

$$S = C_{T,Fe} = [Fe^{3+}] + \underbrace{[FeOH^{2+}] + [Fe(OH)_2^+]}_{\text{hydroxide complexes (Table 4.5)}} + \underbrace{[FeSO_4^+] + [Fe(SO_4)_2^-]}_{\text{sulfate complexes (Table 4.4)}}$$

$[FeOH^{2+}] = K_1[Fe^{3+}][OH^-] = (10^{11.5})(6 \times 10^{-17})(10^{-7}) = 1.90 \times 10^{-12} M$

$[Fe(OH)_2^+] = K_2[FeOH^{2+}][OH^-] = (10^{9.3})(1.90 \times 10^{-12})(10^{-7}) = 3.79 \times 10^{-10} M$

$C_{T,SO_4} = [SO_4^{2-}] + [FeSO_4^+] + 2[Fe(SO_4)_2^-]$

Assume $\quad [SO_4^{2-}] \approx C_{T,SO_4} = 10^{-2}$

So, $[FeSO_4^+] = K_1[Fe^{3+}][SO_4^{2-}] = (10^{4.04})(6 \times 10^{-17})(10^{-2}) = 6.58 \times 10^{-15} M$

$[Fe(SO_4)_2^-] = K_2[FeSO_4^+][SO_4^{2-}] = (10^{1.30})(6.58 \times 10^{-15})(10^{-2}) = 1.31 \times 10^{-15} M$

Now, $S = 6 \times 10^{-17} + 1.90 \times 10^{-12} + 3.79 \times 10^{-10} + 6.58 \times 10^{-15} + 1.31 \times 10^{-15}$

$S = \underline{3.81 \times 10^{-10} M} \qquad\qquad S = 3.81 \times 10^{-10} \dfrac{mol}{l} \left(55{,}850 \dfrac{mg}{mol}\right)$

$S = \underline{2.13 \times 10^{-5}\ mg/l}$ as Fe

4-79 Note: <u>All</u> our MB equations have been for dissolved species !!

From Table 4.5: $\qquad$ 4 Cd–OH complexes

From Table 4.4: $\qquad$ 3 Cd-Cl complexes
$\qquad\qquad\qquad\qquad$ 4 Cd–NH$_3$ complexes

(a) $C_{T,Cd} = [Cd^{2+}] + [CdOH^+] + [Cd(OH)_2^0] + [Cd(OH)_3^-] + [Cd(OH)_4^{2-}] + [CdCl^+]$
$\qquad + [CdCl_2^0] + [CdCl_3^-] + [CdNH_3^{2+}] + [Cd(NH_3)_2^{2+}] + [Cd(NH_3)_3^{2+}] + [Cd(NH_3)_4^{2+}]$

(b) $C_{T,N} = [NH_3] + [NH_4^+] + [CdNH_3^{2+}] + 2[Cd(NH_3)_2^{2+}] + 3[Cd(NH_3)_3^{2+}] + 4[Cd(NH_3)_4^{2+}]$

(c) $C_{T,Cl} = [Cl^-] + [CdCl^+] + 2[CdCl_2^0] + 3[CdCl_3^-]$

(d) Same as (a): $S = C_{T,Cd}$

4-80 (a) Largest pK$_{sp}$ is least soluble: $\qquad\qquad\qquad$ <u>BaSO$_4$(c) will precipitate first</u>

(b) Smallest pK$_{sp}$ is most soluble, <u>but</u> here have $\quad$ Ag$_2$SO$_4$(c) ↑

-- There are a number of ways to look at this, one of which is to draw a pMetal–pSO$_4$ diagram

-- Can also check $[SO_4^{2-}]$ at which precipitation begins:

(4-80)   for $Ag_2SO_4(c)$: $[SO_4^{2-}] = \dfrac{10^{-4.80}}{(10^{-2})^2} = 10^{-0.80} M$

for $CaSO_4(c)$: $[SO_4^{2-}] = \dfrac{10^{-4.7}}{10^{-2}} = 10^{-2.70} M$

$CaSO_4(c)$ will precipitate when $[SO_4^{2-}] \geq 10^{-2.7}$

Need much more SO_4 ($10^{-0.8}$ M) to get $Ag_2SO_4(c)$ __$Ag_2SO_4(c)$ will precipitate last__

4-81 Ignoring ionic strength effects:

(a) $[Ca^{2+}]^3 [PO_4^{3-}]^2 = K_{sp} = 1 \times 10^{-27}$. Let $S = [Ca^{2+}]$

$C_{T,PO_4} = [H_3PO_4] + [H_2PO_4^-] + [HPO_4^{2-}] + [PO_4^{3-}]$

$= [PO_4^{3-}] \underbrace{\left(\dfrac{[H^+]^3}{K_{A1}K_{A2}K_{A3}} + \dfrac{[H^+]^2}{K_{A2}K_{A3}} + \dfrac{[H^+]}{K_{A3}} + 1 \right)}_{(\alpha_3)^{-1}}$

So, $[PO_4^{3-}] = \alpha_3 C_{T,PO_4}$

For every Ca^{2+} dissolved from $Ca_3(PO_4)_2$, we get 2/3 mole phosphate species which will partition between PO_4^{3-}, HPO_4^{2-}, $H_2PO_4^-$, and H_3PO_4.

$\therefore \quad S = 3/2\, C_{T,PO_4}$

Now, $K_{sp} = (S)^3 \left(\dfrac{2}{3} \alpha_3 S \right)^2 = 1 \times 10^{-27}$ $S = \left(\dfrac{1 \times 10^{-27}}{\left(\dfrac{2}{3} \alpha_3 \right)^2} \right)^{1/5}$

At $pH = 8.6$: $\alpha_3 = 1.84 \times 10^{-4}$

Now, $S = \left(\dfrac{1 \times 10^{-27}}{\left[\left(\dfrac{2}{3}\right)(1.84 \times 10^{-4}) \right]^2} \right)^{1/5}$

$S = \underline{1.46 \times 10^{-4} M}$ (5.9 mg/l)

(b) S increases as pH decreases because α_3 decreases as pH decreases.

4-82 Note: The following assumes that Ni–NH_3 complexes are very small compared to C_T.

$\log[NH_3] = \log C_T - \log \left(1 + \dfrac{K_B}{K_w}[H^+] \right)$

$C_T = \dfrac{2000}{14,000} = 1.43 \times 10^{-1}$: $\log C_T = -0.85$

$K_B = 1.8 \times 10^{-5}$, $K_w = 1 \times 10^{-14}$

$\therefore \quad \log[NH_3] = -0.85 - \log(1 + 1.8 \times 10^9 [H^+])$

*Note that for this problem we will have Ni–OH complexes and Ni–NH_3 complexes !!

(4-82) (1) $Ni(OH)_2(c) \rightleftarrows Ni^{2+} + 2OH^-$ $K_{sp} = 2 \times 10^{-16}$

$$[Ni^{2+}][OH^-]^2 = 2 \times 10^{-16} \qquad [OH^-]^2 = \frac{(K_w)^2}{[H^+]^2}$$

$$\therefore [Ni^{2+}] = \frac{2 \times 10^{-16}[H^+]^2}{K_w^2} = \frac{2 \times 10^{-16}}{1 \times 10^{-28}}[H^+]^2$$

$\log[Ni^{2+}] = \log(2 \times 10^{-12}) + 2\log[H^+]$ $\underline{\underline{\log[Ni^{2+}] = 12.3 - 2\,pH}}$

(2) $Ni^{2+} + OH^- \rightleftarrows NiOH^+$ $\log K_1 = 4.0 \; (K_1 = 1 \times 10^4)$

$$K_1 = \frac{[NiOH^+]}{[Ni^{2+}][OH^-]} \qquad \log[NiOH^+] = \log K_1 + \log[Ni^{2+}] + \log[OH^-]$$

Note: $\log[OH^-] = pH - 14$ $\therefore \log[NiOH^+] = 4.0 + (12.3 - 2\,pH) + (pH - 14)$

$\underline{\underline{\log[NiOH^+] = 2.3 - pH}}$ **Note:** This is the only Ni–OH complex.

(3) $Ni^{2+} + NH_3 \rightleftarrows Ni(NH_3)^{2+}$ $\log K_1 = 3.0 \; (K_1 = 1 \times 10^3)$

$$K_1 = \frac{[Ni(NH_3)^{2+}]}{[Ni^{2+}][NH_3]}$$

$\log[Ni(NH_3)^{2+}] = \log K_1 + \log[Ni^{2+}] + \log[NH_3]$

$\qquad = 3.0 + (12.3 - 2\,pH) + \bigl(-0.85 - \log(1 + 1.8 \times 10^9[H^+])\bigr)$

$\underline{\underline{\log[Ni(NH_3)^{2+}] = 14.45 - 2\,pH - \log(1 + 1.8 \times 10^9[H^+])}}$

(4) $Ni(NH_3)^{2+} + NH_3 \rightleftarrows Ni(NH_3)_2^{2+}$ $\log K_2 = 2.18 \; (K_2 = 1.5 \times 10^2)$

$$K_2 = \frac{[Ni(NH_3)_2^{2+}]}{[Ni(NH_3)^{2+}][NH_3]}$$

$\log[Ni(NH_3)_2^{2+}] = \log K_2 + \log[Ni(NH_3)^{2+}] + \log[NH_3]$

$\qquad = 2.18 + 14.45 - 2\,pH - 2\log(1 + 1.8 \times 10^9[H^+]) - 0.85$

$\underline{\underline{\log[Ni(NH_3)_2^{2+}] = 15.78 - 2\,pH - 2\log(1 + 1.8 \times 10^9[H^+])}}$

(5) $Ni(NH_3)_2^{2+} + NH_3 \rightleftarrows Ni(NH_3)_3^{2+}$ $\log K_3 = 1.64 \; (K_3 = 43.7)$

$$K_3 = \frac{[Ni(NH_3)_3^{2+}]}{[Ni(NH_3)_2^{2+}][NH_3]}$$

$\log[Ni(NH_3)_3^{2+}] = \log K_3 + \log[Ni(NH_3)_2^{2+}] + \log[NH_3]$

$\qquad = 1.64 + 15.78 - 2\,pH - 3\log(1 + 1.8 \times 10^9[H^+]) - 0.85$

$\underline{\underline{\log[Ni(NH_3)_3^{2+}] = 16.57 - 2\,pH - 3\log(1 + 1.8 \times 10^9[H^+])}}$

(4-82) (6) $\quad Ni(NH_3)_3^{2+} + NH_3 \rightleftarrows Ni(NH_3)_4^{2+}$ $\hspace{3cm}$ log K_4 = 1.16 (K_4 = 14.5)

$$K_4 = \frac{[Ni(NH_3)_4^{2+}]}{[Ni(NH_3)_3^{2+}][NH_3]}$$

$$\log[Ni(NH_3)_4^{2+}] = \log K_4 + \log[Ni(NH_3)_3^{2+}] + \log[NH_3]$$
$$= 1.16 + 16.57 - 2\,pH - 4\log(1 + 1.8 \times 10^9[H^+]) - 0.85$$

$$\underline{\underline{\log[Ni(NH_3)_4^{2+}] = 16.88 - 2\,pH - 4\log(1 + 1.8 \times 10^9[H^+])}}$$

Make a table as a function of pH.

Note: could easily use a spreadsheet here.

Note: Total soluble nickel = $C_T(Ni)$ = S

$S = C_T(Ni) = [Ni^{2+}] + [NiOH^+] + [Ni(NH_3)^{2+}] + [Ni(NH_3)_2^{2+}] + [Ni(NH_3)_3^{2+}] + [Ni(NH_3)_4^{2+}]$

pH	$C_T(Ni)$	log $C_T(Ni)$
2	2×10^8	8.3
4	2×10^4	4.3
6	2.16	0.3
8	3.97×10^{-3}	-2.4
10	6.43×10^{-4}	-3.2
12	1.26×10^{-7}	-6.9
14	1.46×10^{-11}	-10.8

Now plot all this on a log C – pH diagram !! [see below, page 4-48]

To solve problem: $\hspace{2cm}$ Want $\quad C_T(Ni) \leq 1$ mg/l = $\dfrac{1}{58,700}$ = 1.70×10^{-5}M

$\hspace{4cm}$ log $C_T(Ni)$ = –4.77; enter log C – pH diagram 0–4.77
$\hspace{5cm}$ pH = $\underline{10.9}$

Is the system well buffered at pH = 10.9 ? What is buffer ? NaOH (strong base) and NH_3.

$$\beta = 2.303\left[10^{-3.1} + 10^{-10.9} + \frac{(0.143)(5.56 \times 10^{-10})(10^{-10.9})}{(10^{-10.9} + 5.56 \times 10^{-10})^2}\right]$$

$\beta = 3.9 \times 10^{-3}$M -- reasonably high

So, since NH_3 is present, system could be considered to be reasonably well buffered; if <u>no</u> NH_3, would not be well buffered !

(4-82)

pH	[Ni^{2+}] log [ ]	[NiOH$^+$] log [ ]	[Ni(NH$_3$)$^{2+}$] log [ ]	[Ni(NH$_3$)$_2^{2+}$] log [ ]	[Ni(NH$_3$)$_3^{2+}$] log [ ]	[Ni(NH$_3$)$_4^{2+}$] log [ ]
2	8.3 2.0 × 10^8	0.3 2.0	3.2 1.6 × 10^{-3}	−2.7 2.0 × 10^{-3}	−9.2 6.3 × 10^{-10}	−16.1 7.9 × 10^{-17}
4	4.3 2.0 × 10^4	−1.7 2.0 × 10^{-2}	1.2 1.6 × 10^{-1}	−2.7 2.0 × 10^{-3}	−7.2 6.3 × 10^{-8}	−12.7 7.9 × 10^{-13}
6	0.3 2.0	−3.7 2.0 × 10^{-4}	−0.8 1.6 × 10^{-1}	−2.7 2.0 × 10^{-3}	−5.2 6.3 × 10^{-6}	−8.1 7.9 × 10^{-9}
8	−3.7 2.0 × 10^{-4}	−5.7 2.0 × 10^{-6}	−2.8 1.6 × 10^{-3}	−2.8 1.6 × 10^{-3}	−3.3 5.0 × 10^{-4}	−4.2 6.3 × 10^{-5}
10	−7.7 2.0 × 10^{-8}	−7.7 2.0 × 10^{-8}	−5.6 2.5 × 10^{-6}	−4.4 4.0 × 10^{-5}	−3.7 2.0 × 10^{-4}	−3.4 4.0 × 10^{-4}
12	−11.7 2.0 × 10^{-12}	−9.7 2.0 × 10^{-10}	−9.6 2.5 × 10^{-10}	−8.2 6.3 × 10^{-9}	−7.4 4.0 × 10^{-8}	−7.1 7.9 × 10^{-8}
14	−15.7 2.0 × 10^{-16}	−11.7 2.0 × 10^{-12}	−13.6 2.5 × 10^{-14}	−12.2 6.3 × 10^{-13}	−11.4 4.0 × 10^{-12}	−11.1 7.9 × 10^{-12}

(4-82)

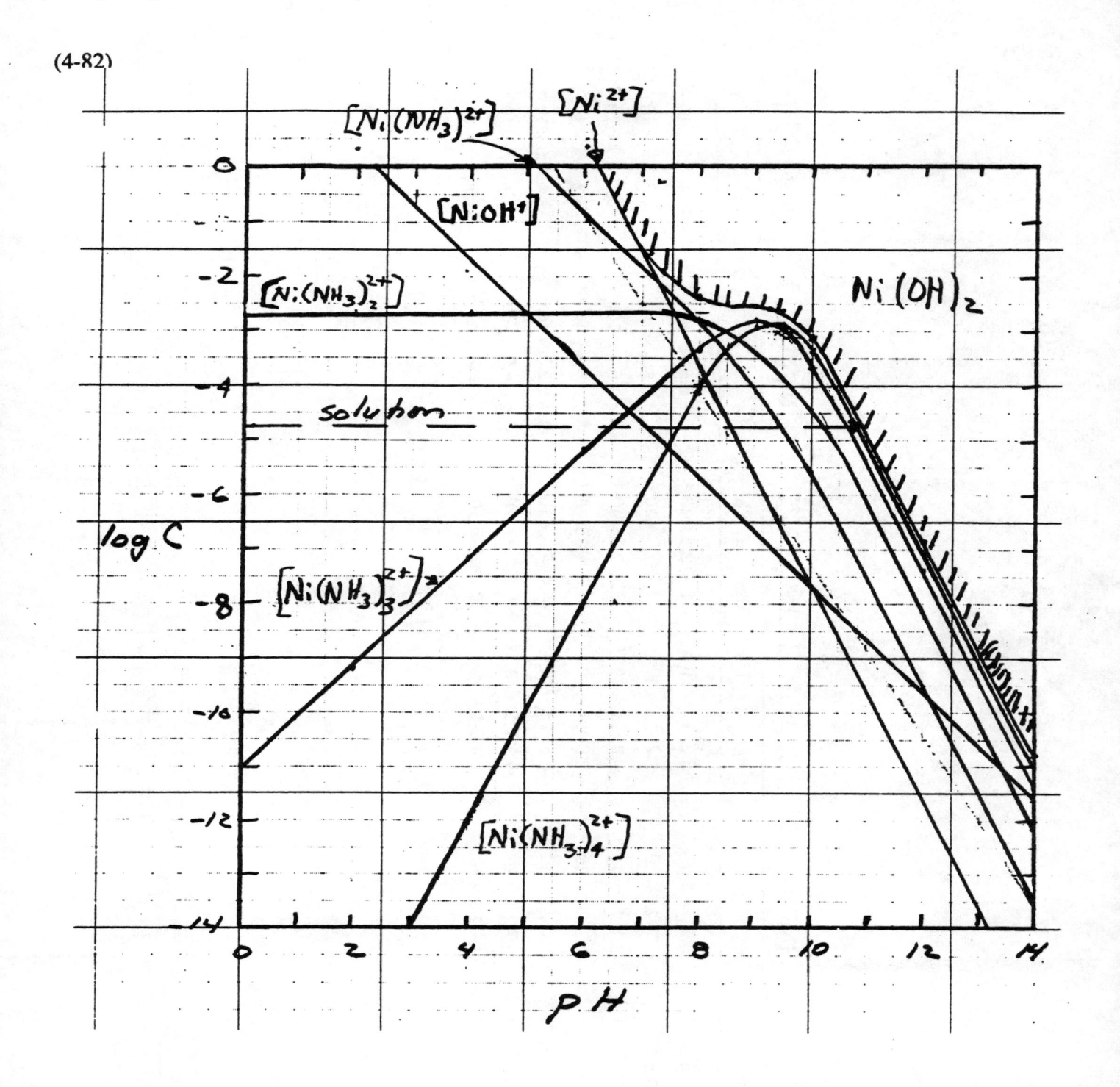

Hand-drawn log C vs pH diagram showing species: $[Ni(NH_3)^{2+}]$, $[Ni^{2+}]$, $[NiOH^+]$, $[Ni(NH_3)_2^{2+}]$, $[Ni(NH_3)_3^{2+}]$, $[Ni(NH_3)_4^{2+}]$, with $Ni(OH)_2$ solubility region labeled and "solution" region indicated.

4-83 Use charge balance to set up "Master Equation":

$$2[Ca^{2+}] + [H^+] = [OH^-] + [H_2PO_4^-] + 2[HPO_4^{2-}] + 3[PO_4^{3-}]$$

Solubility = $S = C_{T,Ca} = [Ca^{2+}]$ Assume no Ca-complexes.

$K_{sp} = [Ca^{2+}]^3 [PO_4^{3-}]^2$ $Ca_3(PO_4)_2 = 3Ca^{2+} + 2PO_4^{3-}$

If $S = [Ca^{2+}]$, then $C_{T,PO_4} = 2/3\, S$

(4-83) $[H_2PO_4^-] = \alpha_1 C_{T,PO_4} = \alpha_1 (2/3\, S)$ $\alpha_1 = \left(\dfrac{[H^+]}{K_{A1}} + 1 + \dfrac{K_{A2}}{[H^+]} + \dfrac{K_{A2}K_{A3}}{[H^+]^2}\right)^{-1}$

$[H_2PO_4^{2-}] = \alpha_2 C_{T,PO_4} = \alpha_2 (2/3\, S)$ $\alpha_2 = \left(\dfrac{[H^+]^2}{K_{A1}K_{A2}} + \dfrac{[H^+]}{K_{A2}} + 1 + \dfrac{K_{A3}}{[H^+]}\right)^{-1}$

$[PO_4^{3-}] = \alpha_3 C_{T,PO_4} = \alpha_3 (2/3\, S)$ $\alpha_3 = \left(\dfrac{[H^+]^3}{K_{A1}K_{A2}K_{A3}} + \dfrac{[H^+]^2}{K_{A2}K_{A3}} + \dfrac{[H^+]}{K_{A3}} + 1\right)^{-1}$

$K_{sp} = [Ca^{2+}]^3 [PO_4^{3-}]^2$ $K_{sp} = 1 \times 10^{-27}$
$K_{sp} = (S)^3 (\alpha_3\, 2/3\, S)^2$ $K_{A1} = 7.5 \times 10^{-3}$
     $K_{A2} = 6.2 \times 10^{-8}$
$K_{sp} = 4/9\, (\alpha_3)^2\, (S)^5$ $K_{A3} = 4.8 \times 10^{-13}$

$S = \left(\dfrac{9\, K_{sp}}{4(\alpha_3)^2}\right)^{1/5}$ $C_{T,PO_4} = \dfrac{2}{3}\left(\dfrac{9\, K_{sp}}{4(\alpha_3)^2}\right)^{1/5}$

Now, CB becomes: $2\left(\dfrac{9\, K_{sp}}{4(\alpha_3)^2}\right)^{1/5} + [H^+] = \dfrac{K_w}{[H^+]} + \left(\dfrac{2}{3}\right)\left(\dfrac{9\, K_{sp}}{4(\alpha_3)^2}\right)^{1/5}(\alpha_1 + 2\alpha_2 + 3\alpha_3)$

Solve by trial and error using a spreadsheet:

pH	$[H^+]$	α_1	α_2	α_3	LEFT	RIGHT	% Error
9.55	2.82×10^{-10}	4.52×10^{-3}	9.94×10^{-1}	1.69×10^{-3}	1.20×10^{-4}	1.16×10^{-4}	4.09
9.56	2.75×10^{-10}	4.41×10^{-3}	9.94×10^{-1}	1.73×10^{-3}	1.19×10^{-4}	1.16×10^{-4}	3.12
9.57	2.69×10^{-10}	4.31×10^{-3}	9.94×10^{-1}	1.77×10^{-3}	1.18×10^{-4}	1.16×10^{-4}	2.12
9.58	2.63×10^{-10}	4.22×10^{-3}	9.94×10^{-1}	1.81×10^{-3}	1.17×10^{-4}	1.16×10^{-4}	1.08
9.59	2.57×10^{-10}	4.12×10^{-3}	9.94×10^{-1}	1.86×10^{-3}	1.16×10^{-4}	1.16×10^{-4}	0.01
9.60	2.51×10^{-10}	4.03×10^{-3}	9.94×10^{-1}	1.90×10^{-3}	1.15×10^{-4}	1.16×10^{-4}	−1.09

pH ≈ 9.59

4-84 $C_{T,CO_3} = [H_2CO_3^*] + [HCO_3^-] + [CO_3^{2-}]$

$[H_2CO_3^*] = \alpha_0 C_{T,CO_3}$ $\alpha_0 = \left(1 + \dfrac{K_{A1}}{[H^+]} + \dfrac{K_{A1}K_{A2}}{[H^+]^2}\right)^{-1}$

$[HCO_3^-] = \alpha_1 C_{T,CO_3}$ $\alpha_1 = \left(\dfrac{[H^+]}{K_{A1}} + 1 + \dfrac{K_{A2}}{[H^+]}\right)^{-1}$

$[CO_3^{2-}] = \alpha_2 C_{T,CO_3}$ $\alpha_2 = \left(\dfrac{[H^+]^2}{K_{A1}K_{A2}} + \dfrac{[H^+]}{K_{A2}} + 1\right)^{-1}$

$[H_2CO_3^*] = K_H P_{CO_2} = (10^{-1.5})(3.16 \times 10^{-4}) = 1 \times 10^{-5}\,M$
                            ↑
                       see Sec. 4.9

At pH = 8.1: $\alpha_0 = 1.80 \times 10^{-2}$ $K_{sp} = 5.0 \times 10^{-9}$
     $\alpha_1 = 0.976$ $K_{A1} = 4.3 \times 10^{-7}$
     $\alpha_2 = 5.78 \times 10^{-3}$ $K_{A2} = 4.7 \times 10^{-11}$

(4-84) $C_{T,CO_3} = \dfrac{[H_2CO_3^*]}{\alpha_0} = \dfrac{10^{-5}}{180 \times 10^{-2}} = 5.56 \times 10^{-4}$

$[CO_3^{2-}] = \alpha_2 C_{T,CO_3} = 5.78 \times 10^{-3} (5.56 \times 10^{-4}) = 3.21 \times 10^{-6} M$

$[Ca^{2+}] = \dfrac{5 \times 10^{-9}}{3.21 \times 10^{-6}} = 1.56 \times 10^{-3} M$

Assuming all Ca^{2+} comes from $CaCO_3(c)$: $S = [Ca^{2+}] = 1.56 \times 10^{-3} M = \underline{62.3\ mg/l}$

4-85 Develop a Master Equation from charge balance:

(a) $2[Ca^{2+}] + [NH_4^+] + [H^+] = [OH^-] + [HCO_3^-] + 2[CO_3^{2-}] + [Cl^-]$

$S = [Ca^{2+}] = C_{T,CO_3}$ $[Cl^-] = 10^{-4}$ $K_{sp} = [Ca^{2+}][CO_3^{2-}] = 5.0 \times 10^{-9}$

As shown in Problem 4-85, $K_{sp} = (S)(\alpha_2 S) = \alpha_2 S^2$

So, $S = [Ca^{2+}] = C_{T,CO_3}$ and $[CO_3^{2-}] = \alpha_2 C_{T,CO_3}$

Master Equation becomes:

$$2\left(\dfrac{K_{sp}}{\alpha_2}\right)^{1/2} + \alpha_{0,N}(10^{-4}) + [H^+] = \dfrac{10^{-14}}{[H^+]} + \left(\dfrac{K_{sp}}{\alpha_2}\right)^{1/2}(\alpha_1 + 2\alpha_2) + 10^{-4}$$

Solve by trial and error (good problem for spreadsheet analysis):

pH	[H+]	$\alpha_{0,N}$	α_1	α_2	LEFT	RIGHT
9.7	2.00×10^{-10}	0.264	0.809	1.91×10^{-1}	3.50×10^{-4}	3.42×10^{-4}
9.9	1.26×10^{-10}	0.185	0.728	2.72×10^{-1}	2.90×10^{-4}	3.52×10^{-4}
9.8	1.58×10^{-10}	0.222	0.771	2.29×10^{-1}	3.18×10^{-4}	3.45×10^{-4}
9.75	1.78×10^{-10}	0.242	0.791	2.09×10^{-1}	3.34×10^{-4}	3.43×10^{-4}
9.72	1.91×10^{-10}	0.255	0.802	1.98×10^{-1}	3.44×10^{-4}	3.43×10^{-4}

$pH = \underline{9.72}$

(b) At pH = 6.0: $\alpha_{0,N} = 9.99 \times 10^{-1}$
  $\alpha_1 = 0.301$
  $\alpha_2 = 1.41 \times 10^{-5}$

Let V = ml of HCl added and assume V_0 is large compared to V. Thus, the rearranged Master Equation is:

$$0.1V = 2\left(\dfrac{K_{sp}}{\alpha_2}\right)^{1/2} + \alpha_{0,N}(10^{-4}) + [H^+] - \dfrac{10^{-14}}{[H^+]} - \left(\dfrac{K_{sp}}{\alpha_2}\right)^{1/2}(\alpha_1 + 2\alpha_2) - 10^{-4}$$

$= 3.2 \times 10^{-2}$

$V = \underline{0.32\ ml}$ (not well buffered !!)

4-86 Since reaction of interest is not contained in Table 2.4, must construct new equation for half-reaction of interest. Write half-reaction of interest and determine ΔG^o for the reaction using values from Table 3.1:

$\quad\quad\quad CO_2(g) + 8H^+ + 8e^- \rightleftarrows CH_4(g) + 2H_2O(g)$ (a)

ΔG^o -394.4 0 0 -50.79 $2(-237.2)$

$\Delta G^o = 2(-237.2) + (-50.79) - (-394.4) = -130.79\ kJ$

(4-86) Then, using the relationship between E^o and ΔG^o:

$$E^o = -\frac{\Delta G^o}{2F} = -\frac{-130{,}790}{8(96{,}500)} = 0.17 \text{ volt}$$

Write above reaction on electron-equivalent basis:

$$\tfrac{1}{8} CO_2(g) + H^+ + e^- \rightleftarrows \tfrac{1}{8} CH_4(g) + \tfrac{1}{4} H_2O(g) \qquad (b)$$

$$pE = pE^o - \log \frac{[CH_4(g)]^{1/8}}{[CO_2(g)]^{1/8} [H^+]} \qquad (c)$$

For reaction (b):

$$pE^o = \frac{2\,FE^o}{2.3\,RT} = \frac{(1)(96{,}500)(0.17)}{2.3(8.314)(298)} = 2.88 \qquad (d)$$

For pH = 7, $[H^+] = 10^{-7}$

$$pE = 2.88 - \log [CH_4(g)]^{1/8} + \log [CO_2(g)]^{1/8} + \log(10^{-7})$$

$$pE = -4.12 - \tfrac{1}{8} \log [CH_4(g)] + \tfrac{1}{8} \log [CO_2(g)]^{1/8} \qquad (e)$$

For this problem,

$$C = [CH_4(g)] + [CO_2(g)] = 1, \quad \log C = 0 \qquad (f)$$

Also, since pH = 7, we have:

$$pE = -7 - \tfrac{1}{2} \log [H_2(g)] \qquad \text{Eq. 4-151} \qquad (g)$$

and

$$pE = 13.77 + \tfrac{1}{4} \log [O_2(g)] \qquad \text{Eq. 4-153} \qquad (h)$$

From this information the logarithmic diagram is constructed.

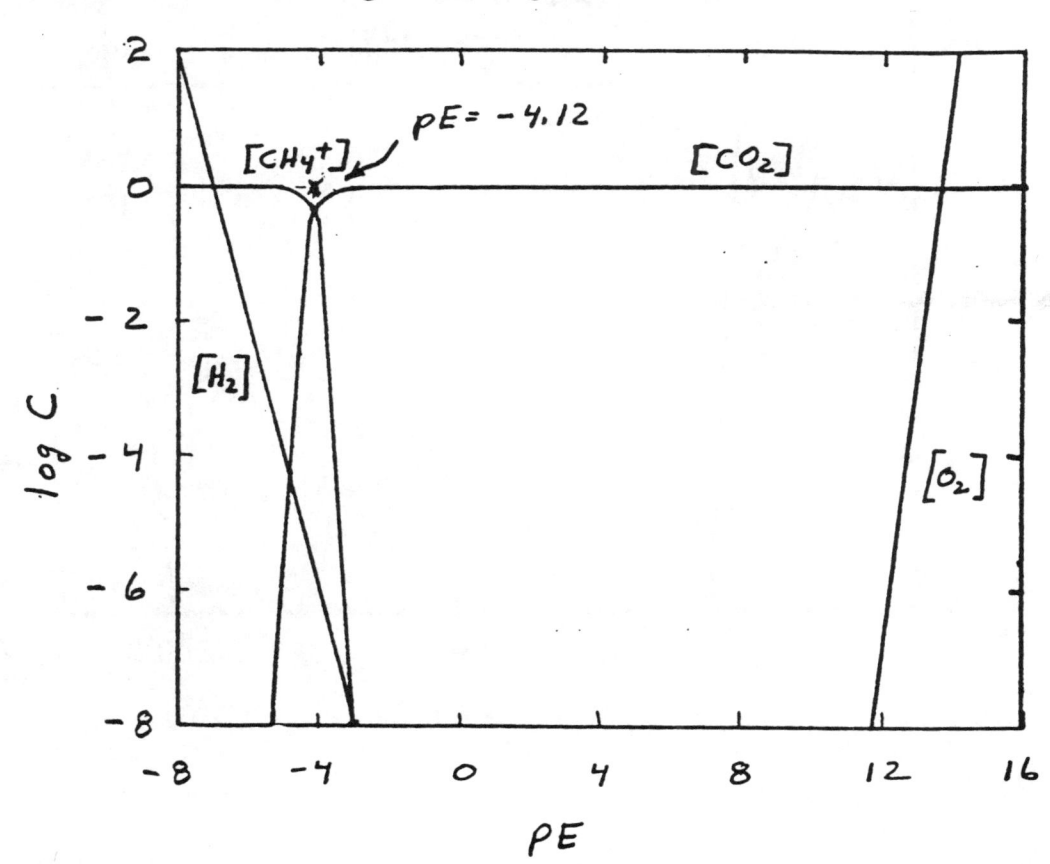

4-87 Reaction of interest is listed in Table 2.4:

$$\tfrac{1}{8} SO_4^{2-} + \tfrac{5}{4} H^+ + e^- = \tfrac{1}{8}(H_2S)(aq) + \tfrac{1}{2} H_2O \qquad pE^o = 5.12$$

$$pE = pE^o - \log \frac{[H_2S]^{1/8}}{[SO_4^{2-}]^{1/8}[H^+]^{5/4}} \qquad pH = 7,\ [H^+] = 10^{-7}$$

$$pE = 5.12 - \tfrac{1}{8}\log[H_2S] + \tfrac{1}{8}\log[SO_4^{2-}] + \tfrac{5}{4}\log(10^{-7})$$

$$pE = -3.63 - \tfrac{1}{8}\log[H_2S] + \tfrac{1}{8}\log[SO_4^{2-}]$$

$$C = [SO_4^{2-}] + [H_2S] = 10^{-3}$$

Also, since pH = 7, we have:

$$pE = -7 - \tfrac{1}{2}\log[H_2(g)] \qquad \text{Eq. 4-151}$$

$$pE = 13.77 + \tfrac{1}{4}\log[O_2(g)] \qquad \text{Eq. 4-153}$$

From this information the logarithmic concentration diagram is constructed (next page).

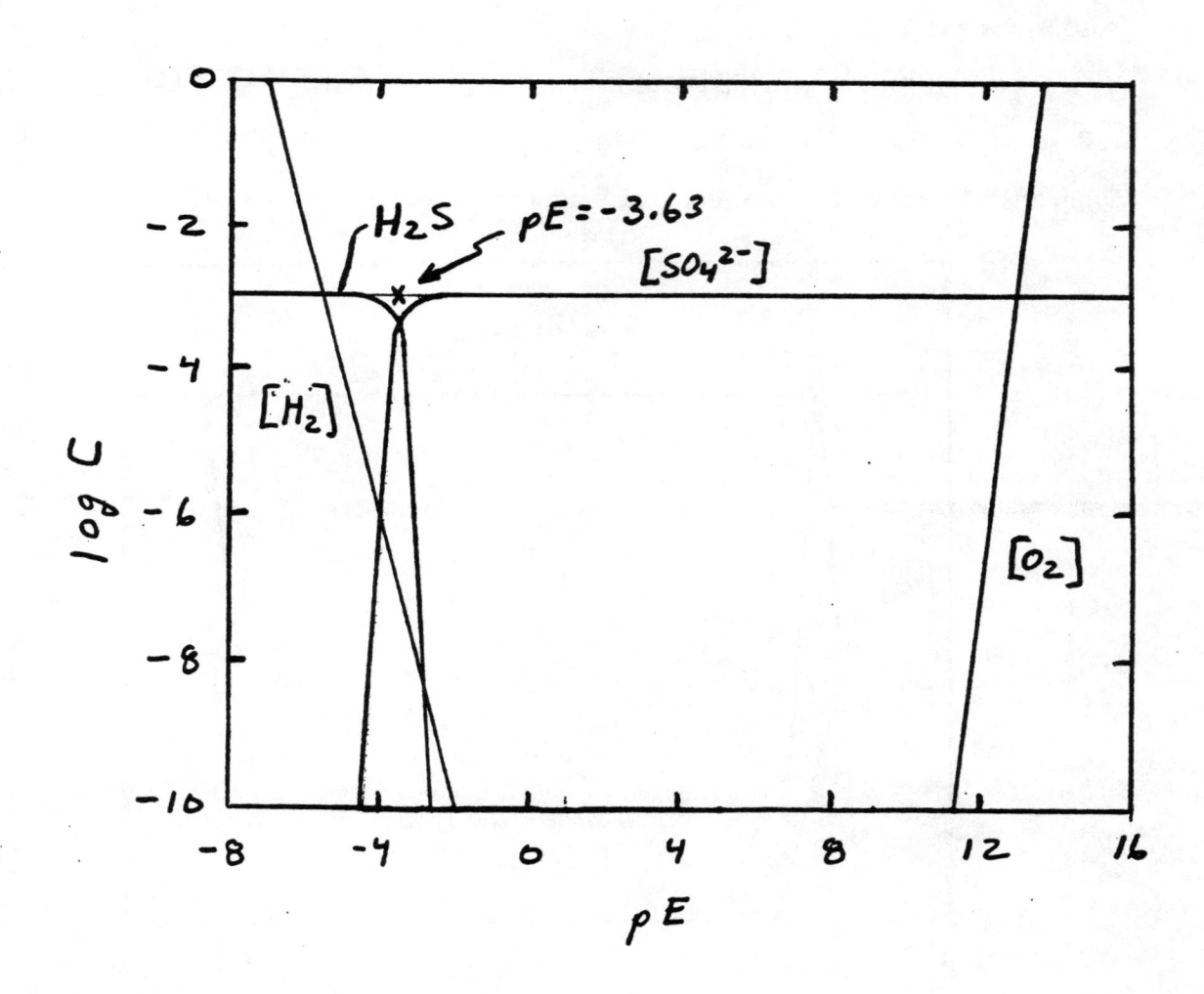

4-88 Use pertinent equations from Table 2.4 to produce the following:

$$pE = -7.45 - \log \frac{[Fe]^{1/2}}{[Fe^{2+}]^{1/2}}$$

$$pE = 13.03 - \log \frac{[Fe^{2+}]}{[Fe^{3+}]}$$

$$pE = -0.61 - \log \frac{[Fe]^{1/3}}{[Fe^{3+}]^{1/3}}$$

Since H⁺ is not involved in these reactions, the above iron species distribution is not a function of pH. However, had the various hydroxide complexes been considered in this problem, the predominant species present would have been a function of pH. The other pertinent equations are those for water:

$$pE = 0.00 - \log \frac{[H_2]^{1/2}}{[H^+]} \qquad \text{Eq. 4-150}$$

$$pE = 20.77 - \log \frac{1}{[O_2]^{1/4} [H^+]} \qquad \text{Eq. 4-152}$$

or, if $[H_2] = [O_2] = 1$ (1 atm)

$$pE = -pH \qquad \text{for } H_2O/H_2 \text{ boundary}$$

and

$$pE = 20.77 - pH \qquad \text{for } O_2/H_2O \text{ boundary}$$

The resulting lines from the above equations, when $[Fe] = [Fe^{2+}]$, $[Fe^{2+}] = [Fe^{3+}]$, and $[Fe] = [Fe^{3+}]$ are shown in the following pE-pH diagram.

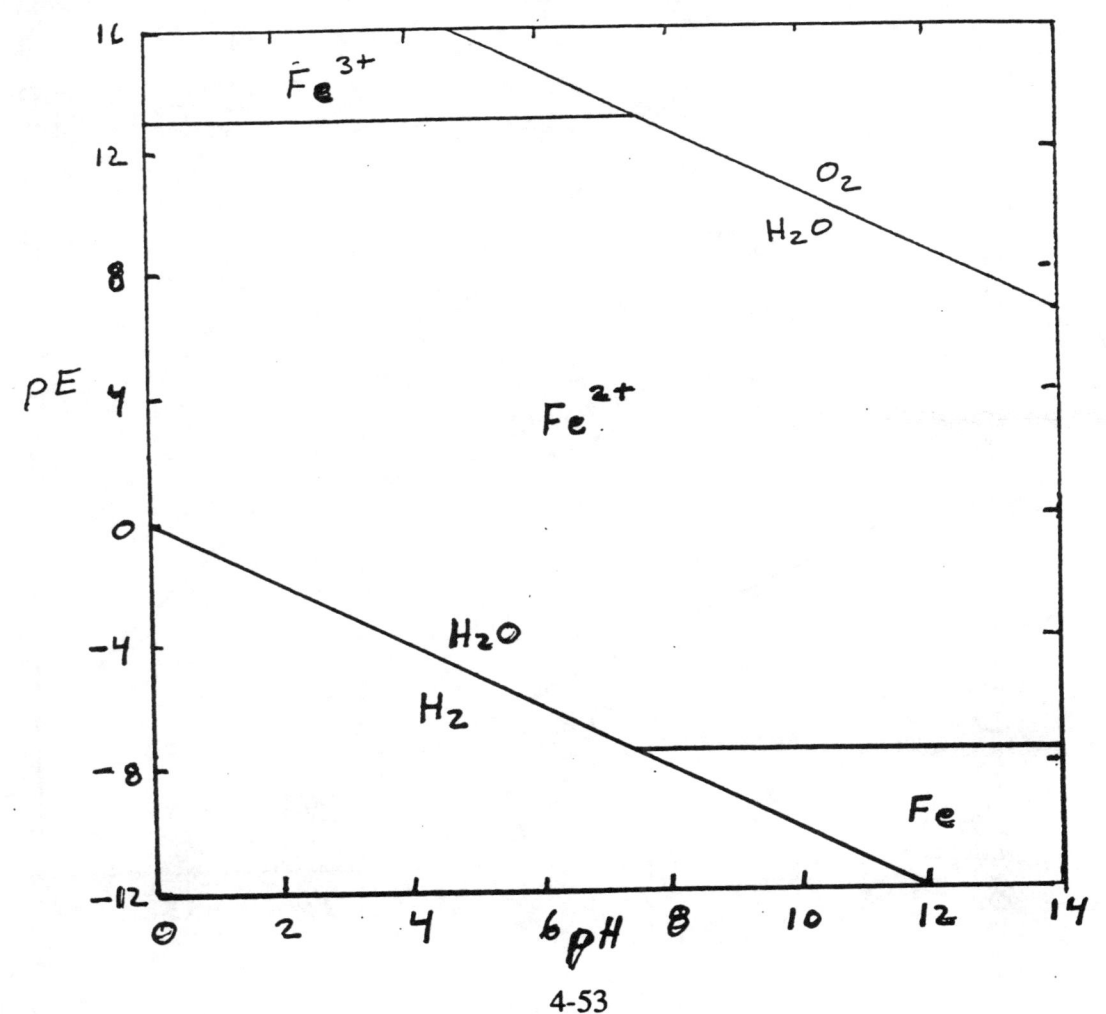

4-53

4-89 Using same approach as for Prob. 4-88 above, pertinent equations required based upon Table 2.4 half-reactions for Mn species are:

$$pE = 20.45 - \log \frac{[Mn^{2+}]^{1/2}}{[MnO_2]^{1/2}[H^+]^2} \qquad pE = 25.20 - \log \frac{[Mn^{2+}]^{1/5}}{[MnO_4^-]^{1/5}[H^+]^{8/5}}$$

$$pE = 28.73 - \log \frac{[MnO_2]^{1/3}}{[MnO_4^-]^{1/3}[H^+]^{4/3}}$$

or, since $pH = -\log[H^+]$:

$$pE = 20.45 - 2pH - \log \frac{[Mn^{2+}]^{1/2}}{[MnO_2]^{1/2}} \qquad pE = 25.20 - \frac{8}{5}pH - \log \frac{[Mn^{2+}]^{1/5}}{[MnO_4^-]^{1/5}}$$

$$pE = 28.73 - \frac{4}{3}pH - \log \frac{[MnO_2]^{1/3}}{[MnO_4^-]}$$

Also, $\quad pE = -pH \quad$ for H_2O/H_2 boundary
and $\quad pE = 20.77 - pH \quad$ for O_2/H_2O boundary

The resulting pE-pH diagram follows; at no location within the water boundary is MnO_4^- the dominant species.

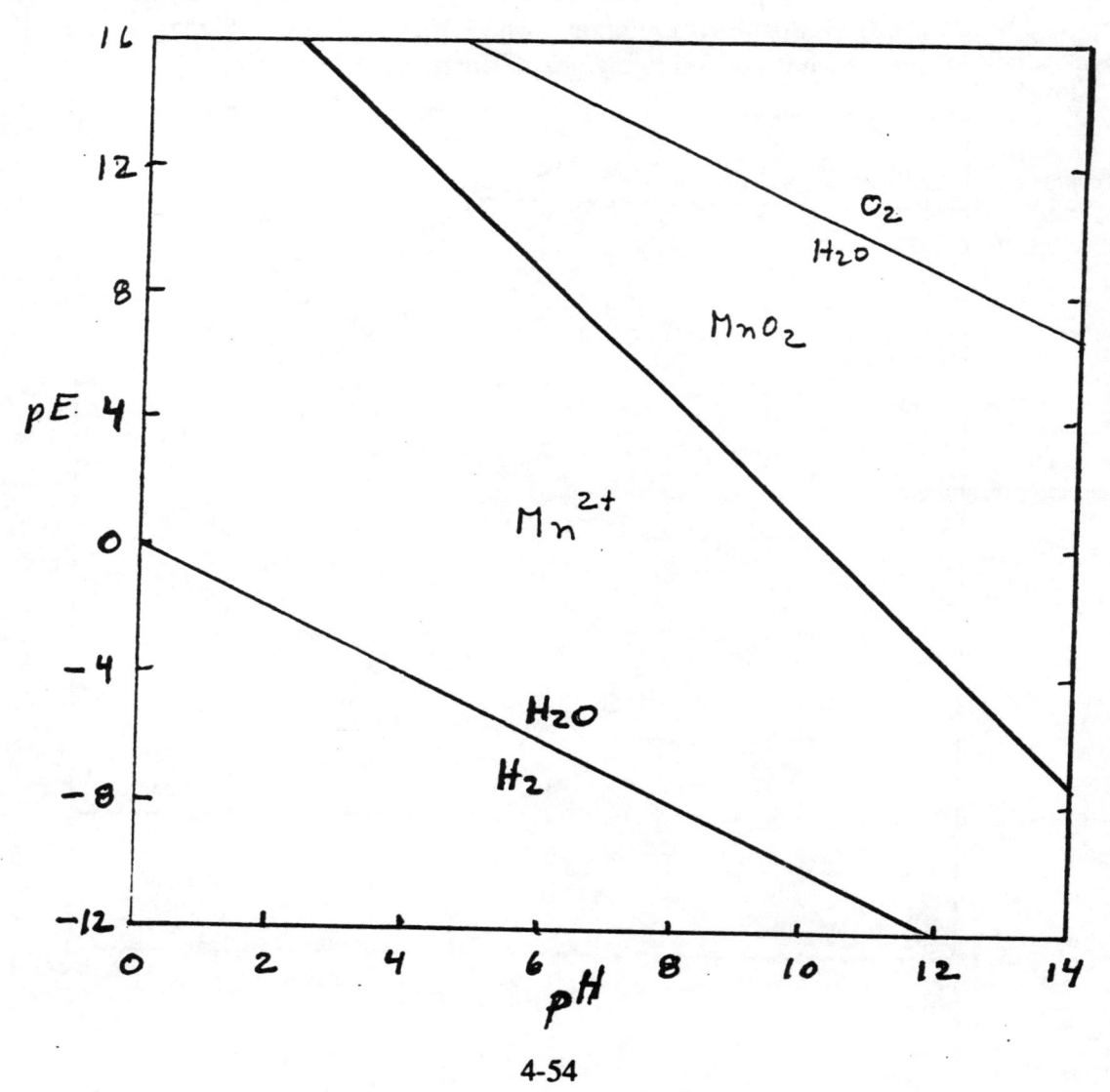

4-90 The results can be obtained graphically from Fig. 4.19:

(a) pE = 16.0 to 16.8, (b) pE = 13.0 to 13.8, (c) pE = 10.0 to 10.8.

4-91 The results can be obtained graphically from Fig. 4.19. For both sulfide and methane production, use pE range below lower dasher line and above lower boundary line for water. Thus,

(a) pE = –1 to –4, (b) pE = –4 to –7, (c) pE = –7 to –10

4-92 Develop the pE–pH equation for the SO_4^{2-}/H_2S line of Fig. 4.19:

$$pE = pE^0 - \frac{1}{z}\log\frac{(reduced)}{(oxidized)}$$

Reaction 24 from Table 2.4 is:

$$\frac{1}{8}SO_4^{2-} + \frac{5}{4}H^+ + e^- = \frac{1}{8}H_2S + \frac{1}{2}H_2O \qquad pE^0 = 5.12$$

$$pE = 5.12 - \log\frac{[H_2S]^{1/8}}{[SO_4^{2-}]^{1/8}[H^+]^{5/4}}$$

$$= 5.12 + \log[H^+]^{5/4} - \log\frac{[H_2S]^{1/8}}{[SO_4^{2-}]^{1/8}}$$

$$= 5.12 - \frac{5}{4}pH - \frac{1}{8}\log\frac{[H_2S]}{[SO_4^{2-}]}$$

Definition of the line is where $[H_2S] = [SO_4^{2-}]$

$$\therefore \underline{pE = 5.12 - 5/4\ pH}$$

4.93 Develop the pE–pH equation for the CO_2/CH_4 line of Fig. 4.19:

$$pE = pE^0 - \frac{1}{2}\log\frac{(reduced)}{(oxidized)}$$

Need to develop half-reaction and pE^0. Use method of half-reactions described in Chapter 2.

$$CO_2 + 8H^+ + 8e^- \rightarrow CH_4 + 2H_2O$$

$$\frac{1}{8}CO_2 + H^+ + e^- \rightarrow \frac{1}{8}CH_4 + \frac{1}{4}H_2O$$

ΔG^0_{298} –394.4   0   0   –50.79   –237.2 kJ/mol   (from Table 3.1)

$$\Delta G^0_{reax} = \frac{1}{4}(-237.2) + \frac{1}{8}(-50.79) - \left(\frac{1}{8}(-394.4)\right)$$

$$\doteq -16.35\ kJ/mol$$

$$pE^0 = -\frac{\Delta G^0}{2.3\ RT} = -\frac{-16.35\ kJ/mol\ (1000\ J/kJ)}{(2.3)(8.314\ J/mol\text{-}K)(298\ K)}$$

$$pE^0 = 2.87$$

(4-93) Now, $pE = 2.87 - \log \dfrac{(P_{CH_4})^{1/8}}{(P_{CO_2})^{1/8} [H^+]}$

$= 2.87 + \log [H^+] - \dfrac{1}{8} \log \dfrac{P_{CH_4}}{P_{CO_2}}$

When $P_{CH_4} = P_{CO_2}$: $\underline{\underline{pE = 2.87 - pH}}$

4-94 (a) $\quad \dfrac{1}{2} MnO_2(c) + 2H^+ + e^- = \dfrac{1}{2} Mn^{2+} + H_2O \qquad pE^0 = 20.45$

$pE = 20.45 - \log \dfrac{[Mn^{2+}]^{1/2}}{[H^+]^2} \qquad ([MnO_2(c)] = 1 \text{ by convention})$

$\underline{\underline{pE = 20.45 - 2pH - \dfrac{1}{2} \log [Mn^{2+}]}}$

$\dfrac{1}{4} O_2 + H^+ + e^- = \dfrac{1}{2} H_2O \qquad pE^0 = 20.77$

$pE = 20.77 - \log \dfrac{1}{(P_{O_2})^{1/4} [H^+]}$

$\underline{\underline{pE = 20.77 - pH - \dfrac{1}{4} \log P_{O_2}}}$

(b) $\quad pH = 7.0$ and $[Mn^{2+}] = 10^{-2}$ (dominant)

$pE = 20.45 - 2pH - \dfrac{1}{2} \log [Mn^{2+}]$

$= 20.45 - 2(7) - \dfrac{1}{2}(-2)$

$pE = 7.45$

$pE = 7.45 = 20.77 - pH + \dfrac{1}{4} \log P_{O_2}$

$7.45 = 20.77 - 7 + \dfrac{1}{4} \log P_{O_2}$

$\log P_{O_2} = -25.28$

$\underline{\underline{P_{O_2} = 5.25 \times 10^{-26} \text{ atm}}}$

(c) $\quad pE = 20.77 - pH + \dfrac{1}{4} \log P_{O_2}$

$= 20.77 - 7 - \dfrac{1}{4} \log (0.21)$

$pE = 13.60$

$pE = 13.60 = 20.45 - 2pH - \dfrac{1}{2} \log [Mn^{2+}]$

$13.60 = 20.45 - 2(7) - \dfrac{1}{2} \log [Mn^{2+}]$

$\log [Mn^{2+}] = -14.30 \qquad [Mn^{2+}] = 5.01 \times 10^{-15} M$

So, $\underline{\underline{MnO_2(c) \text{ dominates}}}$

4-95 Reaction 4 from Table 2.4 is used along with techniques described in Sec. 4.10.

$$\tfrac{1}{2}ClO^- + H^+ + e^- = \tfrac{1}{2}Cl^- + \tfrac{1}{2}H_2O \qquad pE^0 = 29.24$$

Also, need a relationship between HOCl and OCl^-

$$HOCl \rightleftarrows H^+ + OCl^- \qquad pK_A = 7.54$$
(from Table 4.1)

$$K_A = \frac{[H^+][OCl^-]}{[HOCl]}$$

log form is: $\log[OCl^-] = \log K_A + \log[HOCl] - \log[H^+]$

$$\log[OCl^-] = -7.54 + \log[HOCl] + pH$$

(a) $\tfrac{1}{2}HOCl = \tfrac{1}{2}H^+ + \tfrac{1}{2}OCl^-$

$\tfrac{1}{2}OCl^- + H^+ + e^- = \tfrac{1}{2}Cl^- + \tfrac{1}{2}H_2O$

――――――――――――――――――――

$\tfrac{1}{2}HOCl + \tfrac{1}{2}H^+ + e^- = \tfrac{1}{2}Cl^- + \tfrac{1}{2}H_2O$

(b) For Reaction 4 from Table 2.4:

$$pE = 29.24 - \log\frac{[Cl^-]^{1/2}}{[OCl^-]^{1/2}[H^+]}$$

$$pE = 29.24 - pH - \tfrac{1}{2}\log[Cl^-] + \log[OCl^-]$$

Substituting the log form of the K_A equation:

$$pE = 29.24 - pH - \tfrac{1}{2}\log[Cl^-] + \tfrac{1}{2}\left(-7.54 + \log[HOCl] + pH\right)$$

$$= 29.24 - 3.77 - \tfrac{1}{2}pH - \tfrac{1}{2}\log[Cl^-] + \tfrac{1}{2}\log[HOCl]$$

$$pE = 25.47 - \tfrac{1}{2}\log\frac{[Cl^-]}{[HOCl][H^+]}$$

So, $pE^0 = 25.47$

$pE^0 = 16.9\, E^0$ $\qquad\therefore E^0 = \dfrac{25.47}{16.9} = \underline{1.51v}$

4-96 Use reaction 19 of Table 2.4:

$\frac{1}{8} NH_4^+ + \frac{3}{8} H_2O = \frac{1}{8} NO_3^- + \frac{5}{4} H^+ + e^-$ $\quad\quad E^0 = -0.882v$

$\frac{1}{2} O_3(g) + H^+ + e^- = \frac{1}{2} O_2(g) + \frac{1}{2} H_2O$ $\quad\quad E^0 = 2.07v$

───

$\frac{1}{2} O_3 + \frac{1}{8} NH_4^+ = \frac{1}{8} NO_3^- + \frac{1}{2} O_2 + \frac{1}{4} H^+ + \frac{1}{8} H_2O$ $\quad E^0 = 1.188v$

Since E^0 is positive, <u>Yes</u>, $O_3(g)$ can oxidize NH_4^+

4-97 From Table 2.4:

$\frac{1}{2} Cl_2(aq) + e^- = Cl^-$ $\quad\quad E^0 = 1.391$

$Fe^{2+} = Fe^{3+} + e^-$ $\quad\quad E^0 = -0.771$

───

$\frac{1}{2} Cl_2(g) + Fe^{2+} = Cl^- + Fe^{3+}$ $\quad\quad E^0 = +0.620v$

(a) $\quad \underline{Cl_2(g) + 2Fe^{2+} = 2Cl^- + 2Fe^{3+}}$

(b) $\quad$ <u>Yes</u>, since E^0 is positive

4-98 $\frac{1}{3} Au = \frac{1}{3} Au^{3+} + e^-$ $\quad\quad E^0 = -1.42v$

$\frac{1}{4} O_2(g) + H^+ + e^- = \frac{1}{2} H_2O$ $\quad\quad E^0 = +1.229v$

───

$\frac{1}{3} Au + \frac{1}{4} O_2(g) + H^+ = \frac{1}{3} Au^{3+} + \frac{1}{2} H_2O$ $\quad E^0 = -0.191v$

At equilibrium, $E = 0$

$E = E^0 - \frac{0.059}{n} \log Q$

$E^0 = -0.191 = 0.059 \log \left(\frac{[Au^{3+}]^{1/3}}{[H^+](P_{O_2})^{1/4}} \right)$

Note: by convention, $[Au] = [H_2O] = 1$

(a) $\quad -3.237 = \log \left(\frac{[Au^{3+}]^{1/3}}{[H^+](P_{O_2})^{1/4}} \right)$

$-3.237 = \frac{1}{3} \log [Au^{3+}] - \frac{1}{4} \log P_{O_2} - \log [H^+]$

$-3.237 = \frac{1}{3} \log [Au^{3+}] + 0.169 + 7.0$

$\frac{1}{3} \log [Au^{3+}] = -10.406$ $\quad\quad\quad \log [Au^{3+}] = -31.218$

$[Au^{2+}] = \underline{6.04 \times 10^{-32} M}$

(4-98) (b) MW of Au = 197: 1 gram = 5.08×10^{-3} mol

To get $6.05 \times 10^{-32} \frac{\text{mol}}{l}$,

need $\frac{5.08 \times 10^{-3}}{6.05 \times 10^{-32}}$ = $\underline{\underline{8.40 \times 10^{28} \text{ liters of } H_2O}}$ -- a lotta water !!

4-99 (a) Just add E^0 values; if positive, reaction is possible:

$\frac{1}{2} CCl_4 + \frac{1}{2} H^+ + e^- = \frac{1}{2} CHCl_3 + Cl^-$ $E^0 = 0.67v$

$\frac{1}{8} CH_3COO^- + \frac{1}{4} H_2O = \frac{1}{4} CO_2 + \frac{7}{8} H^+ + e^-$ $E^0 = -0.075v$

$E^0 = 0.67 - 0.075 = +0.595$ $\underline{\text{Yes}}$

(b) Compare E^0 values:

CCl_4 with acetate: $E^0 = +0.59$

NO_3^- with acetate: $E^0 = 1.244 - 0.075$: $E^0 = +1.169$
↑
from Reac. 21

$\underline{\underline{NO_3^- \text{ is preferred }}}$ (E^0 is largest)

4-100 (a) $Fe(OH)_3(c) + 3H^+ + e^- = Fe^{2+} + 3 H_2O$

$E^0 = 1.06v$ $pE^0 = 16.9(1.06) = 17.9$

$pE = pE^0 - \log \frac{(\text{reduced})}{(\text{oxidized})}$

$= 17.9 - \log \frac{[Fe^{2+}]}{[H^+]^3}$ $[Fe(OH)_3(c)] = 1$

$pE = \underline{17.9 - \log [Fe^{2+}] - 3pH}$

For $C_{T,Fe} = 10^{-7} M$ $pE = 17.9 - (-7) - 3 pH$

$pE = \underline{24.9 - 3 pH}$

(b) When pH = 7.0 and NO_3^- is present $pE \approx 9-13$ in Fig. 4.19

Say, pE = 11

so, pE = 11 = $17.9 - \log [Fe^{2+}] - 3(7)$

$\log [Fe^{2+}] = -14.1$ $[Fe^{2+}] = 7.94 \times 10^{-15} M$

Thus, $Fe(OH)_3(c)$ <u>would dominate !</u>

CHAPTER 5

5-1 (a) Carbon, the essential element in organic compounds, has four covalent bonds.

(b) Carbon can link together by covalent bonding to other carbon atoms in a wide variety of ways.

5-2 See text.

5-3 Isomerism is when two or more different compounds have the same molecular formula. Isomers for C_6H_{14} are:

$$CH_3-CH_2-CH_2-CH_2-CH_2-CH_3$$

$$CH_3-CH_2-CH_2-\underset{\underset{CH_3}{|}}{CH}-CH_3$$

$$CH_3-CH_2-\underset{\underset{CH_3}{|}}{CH}-CH_2-CH_3$$

$$CH_3-CH_2-\underset{\underset{CH_3}{|}}{\overset{\overset{CH_3}{|}}{C}}-CH_3$$

$$CH_3-\underset{\underset{|}{CH_2}}{\overset{\overset{CH_3}{|}}{CH}}-\underset{}{\overset{\overset{CH_3}{|}}{CH}}-CH_3$$

5-4 See text.

5-5 $$CH_3CH_2CH_2CH_3 + \tfrac{13}{2}O_2 \rightarrow 4CO_2 + 5\,H_2O$$

M.W.   58 $\tfrac{13}{2}(32)$

$$g\,O_2 = 20 \times \tfrac{13}{2}(32)/58 = \underline{\underline{72}}\,g$$

5-6 See text.

5-7 See text.

5-8
$CH_3CH_2CH_2CH_3$ n-butane
$CH_3CH_2CH_2CH_2OH$ 1-butanol
$CH_3CH_2CH_2CHO$ butanal
$CH_3CH_2CH_2COOH$ butanoic acid

5-9 Because they can result in the complete destruction of an organic compound.

5-10 Such air pollutants result in ozone production, which can react with the alkene as follows:

$$CH_3CH_2CH=CHCH_3 + O_3 \rightarrow \underset{\text{ozonide}}{CH_3CH_2CH\overset{O}{\underset{O-O}{\diagup\diagdown}}CHCH_3} \rightarrow$$

$$\underset{\text{propanal}}{CH_3CH_2CHO} + \underset{\text{ethanal}}{CH_3CH_3CHO}$$

5-11   CH₂OHCHOHCHO   CH₃CH₂CHOHCH₃

CHOCHOHCHOHCH₂OH

5-12 See text.

5-13 See text.

5-14 The middle four carbons are all asymmetric.

5-15 There are several possibilities, one example of each is:

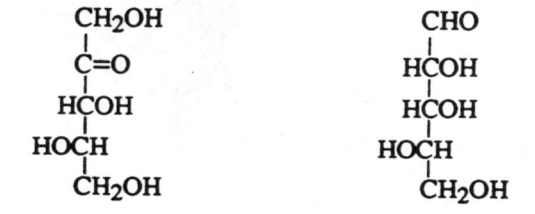

```
    CH2OH              CHO
     |                  |
    C=O               HCOH
     |                  |
    HCOH              HCOH
     |                  |
    HOCH              HOCH
     |                  |
    CH2OH             CH2OH
```

5-16 See text.

5-17 See text.

5-18 Assuming a nitrogen content of 16%, the percentage protein in the sample is

$$\frac{2.5}{0.16} = \underline{\underline{15.6\%}}$$

5-19 alkenes, C=C ; alcohols, $-\overset{|}{\underset{|}{C}}-OH$; aldehydes, $-\overset{H}{\underset{}{C}}=O$;

ketones, $-\overset{|}{\underset{|}{C}}-\overset{O}{\underset{\|}{C}}-\overset{|}{\underset{|}{C}}-$; acids, $-COOH$; amines, $-\overset{|}{\underset{|}{C}}-NH_2$;

amides, $-\overset{O}{\underset{\|}{C}}-NH_2$; ethers, $-\overset{|}{\underset{|}{C}}-O-\overset{|}{\underset{|}{C}}-$; esters, $-\overset{O}{\underset{\|}{C}}-O-\overset{|}{\underset{|}{C}}-$;

aromatics, ⌬− .

5-20 (a)

```
     Cl   Cl              Cl    H
       \ /                  \  /
       C=C          or      C=C
       / \                  /  \
      H   H                H    Cl
      (cis)                (trans)
```

(5-20) (b) Structure: H₃C–CH₂–C(=O)–CH₂–CH₃ (drawn with explicit H's: H-C(H)(H)-C(H)(H)-C(=O)-C(H)(H)-C(H)(H)-H... actually 3 carbons shown)

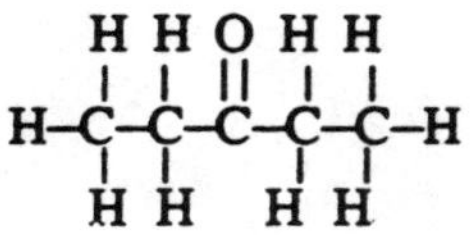

(b)
```
   H H O H H
   | | ‖ | |
H–C–C–C–C–H
   | |   | |
   H H   H H
```

(c) 2,4,6-trichlorophenol-like structure: benzene ring with OH at top and Cl at positions 2,3,5 (four Cl substituents shown: 2,3,5,6-tetrachlorophenol)

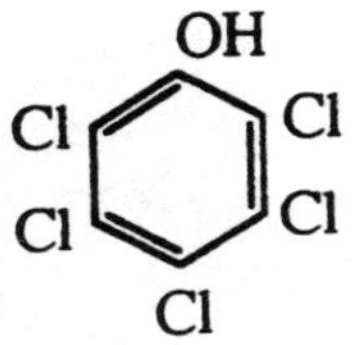

(d)
```
   H H H O
   | | | ‖
H–C–C–C–C–OH
   | | |
   H H H
```

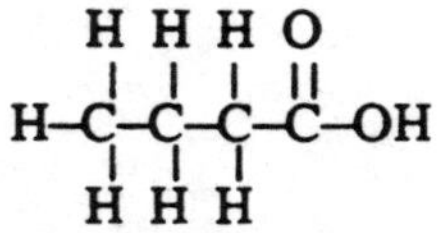

(e) Phenol with one Cl (chlorophenol): benzene ring with OH and Cl

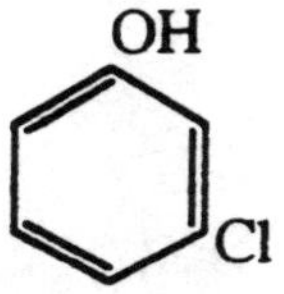

(f) 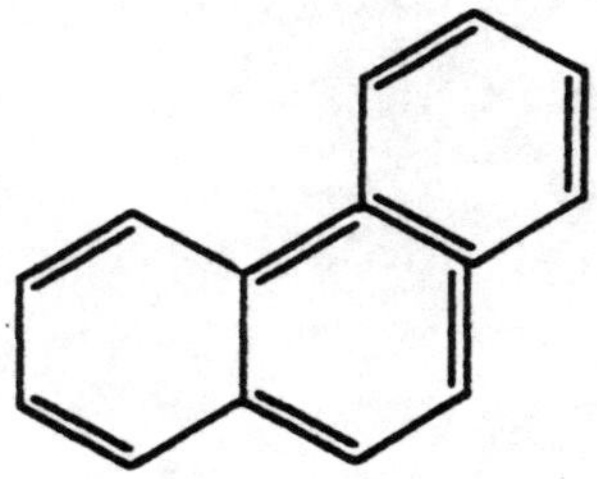 Phenanthrene

There are many others.

(g) 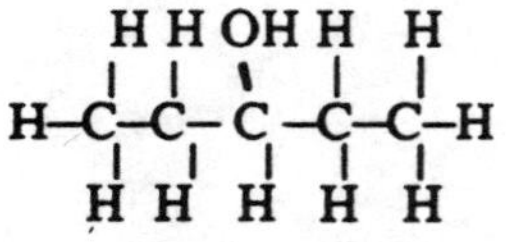
```
   H H OH H  H
   | | |  |  |
H–C–C–C–C–C–H
   | | |  |  |
   H H H  H  H
```

(h)
```
   H H H H H H H
   | | | | | | |
H–C=C–C–C–C–C–C–H
     | | | | | |
     H H H H H H
```

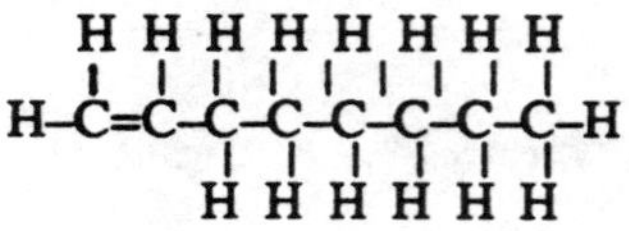

5-21 Glucose; glucose; glucose and xylose.

5-22 See text.

5-23 See text.

5-24 (a) 2-butanol or 2-butyl alcohol
(b) m-dichlorobenzene or 1,3-dichlorobenzene
(c) 1-bromo-2,2-dichloroethane
(d) methyl ethyl ether
(e) ethanal (acetaldehyde)
(f) trichloroethene (trichloroethylene)
(g) ethyl propylketone (3-hexanone)
(h) 3-chlorotoluene (m-chlorotoluene)
(i) 1-chloro-3-nitrobenzene

5-25 See text.

5-3

5-26 $$\frac{C}{C_o} = \frac{1}{1 + \left(\frac{V_a}{V_w}\right)\left(\frac{H}{RT}\right)} \qquad \frac{V_a}{V_w} = \left(\frac{C_o}{C} - 1\right)\left(\frac{RT}{H}\right)$$

At 20°C: $RT = 0.024 \frac{\text{atm-m}^3}{\text{mol}}$

Chlorobenzene: $H = 0.0037 \frac{\text{atm-m}^3}{\text{mol}}$ (Table 5.17)

$$\frac{V_a}{V_w} = \left(\frac{50}{5} - 1\right)\left(\frac{0.024}{0.0037}\right) = \underline{\underline{58.4}}$$

Dichloromethane: $H = 0.002 \frac{\text{atm-m}^3}{\text{mol}}$

$$\frac{V_a}{V_w} = \left(\frac{25}{5} - 1\right)\left(\frac{0.024}{0.002}\right) = \underline{\underline{48}}$$

Ethylbenzene: $H = 0.0088 \frac{\text{atm-m}^3}{\text{mol}}$

$$\frac{V_a}{V_w} = \left(\frac{85}{5} - 1\right)\left(\frac{0.024}{0.0088}\right) = \underline{\underline{43.6}}$$

(looks like chlorobenzene governs)

If you used a stripping tower, $\frac{V_a}{V_w}$ would be less because you get better mass transfer in a packed tower ($K_L a$ much bigger). This model was developed for an equilibrium-batch system.

5-27 (a) As H increases, removal efficiency increases

(b) As $\frac{V_a}{V_w}$ increases, removal efficiency increases

(c) As $K_L a$ increases, removal efficiency increases

(d) As T increases, removal efficiency would probably increase

5-28

		$H \left(\frac{\text{atm-m}^3}{\text{mol}}\right)$	
Most Volatile	1,1,1-trichloroethane	0.018	
↓	perchloroethylene	0.012	
	trichloroethylene	0.0088	
	benzene	0.0055	Table 5.17
	chloroform	0.0032	
	bromoform	0.0005	
Least Volatile	phenol	4.57×10^{-7}	

5-29 100 lbs of TCE = $100 \text{ lbs} \left(454 \frac{g}{lb}\right)\left(1000 \frac{mg}{g}\right) = 4.54 \times 10^7$ mg

Landfill volume = $(100)(100)(10) = 100{,}000 \text{ ft}^3 \left(28.3 \frac{\text{liters}}{\text{ft}^3}\right) = 2.83 \times 10^6$ liters

Volume of voids = $0.3(2.83 \times 10^6) = 8.49 \times 10^5$ liters
Volume of water = $0.7(8.49 \times 10^5) = 5.94 \times 10^5$ liters
Volume of gas = $0.3(8.49 \times 10^5) = 2.55 \times 10^5$ liters

$\dfrac{V_a}{V_l} = \dfrac{0.3}{0.7}$ $\qquad$ H (at 20°C) = $0.0088 \dfrac{\text{atm-m}^3}{\text{mol}}$

Assume $C_o = \dfrac{4.54 \times 10^7 \text{ mg}}{5.94 \times 10^5 \text{ liters}} = 76.4$ mg/l

$C = \dfrac{C_o}{1 + \left(\dfrac{V_a}{V_l}\right)\left(\dfrac{H}{RT}\right)} = \dfrac{76.4}{1 + \left(\dfrac{0.3}{0.7}\right)\left(\dfrac{0.0088}{0.024}\right)}$ $\qquad$ At 20°C, RT = $0.024 \dfrac{\text{atm-m}^3}{\text{mol}}$

$\underline{C = 66.0 \text{ mg/l in aqueous phase}}$

5-30 $C_o = 1100$ mg/l $\qquad$ H = $0.0088 \dfrac{\text{atm-m}^3}{\text{mol}}$ at 20°C $\qquad$ RT = $0.024 \dfrac{\text{atm-m}^3}{\text{mol}}$ at 20°C

$\dfrac{C}{C_o} = \dfrac{1}{1 + \left(\dfrac{V_a}{V_w}\right)\left(\dfrac{H}{RT}\right)}$ $\qquad$ $\dfrac{V_a}{V_w} = 1$

$= \dfrac{1}{1 + 1\left(\dfrac{0.0088}{0.024}\right)} = 0.73$

% removal = $100\left(1 - \dfrac{C}{C_o}\right)$

$= 0.27(100)$

$= \underline{27\%}$

5-31 From Eq. (5.60): $K_{oc} = 0.63 K_{ow}$

From Eq. (5.61): $\log K_{oc} = -0.54 \log S + 0.44$

S = mole fraction = $\dfrac{\text{moles compound}}{\text{moles water}}$

Solubilities given in Table 5.18 are given in mg/l.

Mole fraction = $\dfrac{(\text{mg compound})\left(\dfrac{1}{\text{MW compound}}\right)\left(\dfrac{1 \text{ g}}{1000 \text{ mg}}\right)}{(\text{l-water})\left(\dfrac{1 \text{ g}}{\text{ml}}\right)\left(\dfrac{1000 \text{ ml}}{\text{l}}\right)\left(\dfrac{1 \text{ mole}}{18 \text{ g water}}\right)} = \left(\dfrac{\text{mg}}{\text{l}}\right)\left(\dfrac{1.80 \times 10^{-5}}{\text{MW compound}}\right)$

(5-31)

Compound	Solubility (mg/l) (Table 5.18)	MW	S
chloroform	8200	119.5	1.24×10^{-3}
1,1,1-trichloroethane	4400	133.5	5.93×10^{-4}
benzene	1780	78	4.11×10^{-4}
chlorobenzene	500	112.5	8.00×10^{-5}
phenol	93,000	94	1.78×10^{-2}
pentachlorophenol	14	266.5	9.46×10^{-7}
benzo(a)pyrene	0.0038	251	2.73×10^{-10}
atrazine	33	215.5	2.76×10^{-6}

Compound	log K_{ow}	K_{oc} from K_{ow}	K_{oc} from S
chloroform	1.97	58.8	102
1,1,1-trichloroethane	2.51	204	152
benzene	2.13	85.0	186
chlorobenzene	2.84	436	449
phenol	1.48	19.0	24.3
pentachlorophenol	5.04	6.91×10^4	4.93×10^3
benzo(a)pyrene	6.06	7.23×10^5	4.02×10^5
atrazine	2.69	309	2766

Compare fairly well except for atrazine and pentachlorophenol.

5.32 $t_r = 1 + \dfrac{\rho K_p}{\varepsilon}$ $K_p = f_{oc} K_{oc}$ $K_{oc} = 0.63 K_{ow}$

$\rho = 2$ kg/l $\varepsilon = 0.20$ $f_{oc} = 0.01$ (class example)

Compound	log K_{ow}	K_{ow}	K_{oc}	K_p	t_r
benzene	2.13	135	85.1	0.851	9.5
toluene	2.69	490	309	3.09	31.9
trichloroethylene	2.29	195	123	1.23	13.3
1,1,1-trichloroethane	2.51	324	204	2.04	21.4
acrolein	0.01	1.02	0.64	0.0064	1.06
naphthalene	3.29	1950	1229	12.29	124

Acrolein fastest: moves essentially with the water

Naphthalene slowest: moves very slowly

5.33 Either water solubility or K_{ow}. (H is a measure of volatility!) Both have been used successfully. If S is low and K_{ow} is high, the compound should sorb strongly. K_{ow} should work well because it is a measure of the partitioning between water and an organic phase.

5.34 K_{oc} should provide a reasonably good measure because if the compounds sorb strongly to solids (high K_{oc}), they should be removed with the solids.

		log K_{ow}
Best:	pentachlorophenol	5.04
	alachlor	2.92
	carbon tetrachloride	2.64
	nitrobenzene	1.87
	phenol	1.48
Worst:	acrolein	0.01
	ethanol	?

(Ethanol is listed in *Handbook of Chemistry and Physics* as having "infinite" solubility. Thus it is unlikely to sorb.

5.35 (a) Hydrolysis: $CHCl_3 + H_2O \rightarrow CHCl_2OH + H^+ + Cl^-$

(b) Elimination:

$$\underset{\text{1,1,2-trichloroethane}}{Cl-\underset{H}{\overset{Cl}{C}}-\underset{H}{\overset{Cl}{C}}-H} \rightarrow \underset{\text{1,2-dichloroethene}}{Cl-\underset{H}{\overset{}{C}}=\underset{H}{\overset{Cl}{C}}-Cl} + HCl$$

(c) Oxidation: $CH_3COOH + 2\,O_2 \rightarrow 2\,CO_2 + 2\,H_2O$

(d)

$$\underset{\text{1,2-dichloroethene}}{H-\overset{Cl}{C}=\overset{Cl}{C}-H} + H^+ + 2e^- \rightarrow H-\overset{H}{C}=\overset{Cl}{C}-H + Cl^-$$

5.36 In reductive dechlorination, the organic is <u>reduced</u>:

$$CCl_3CH_3 + H^+ + 2\,e^- \rightarrow CHCl_2CH_3 + Cl^-$$

In dehydrohalogenation, the organic is neither oxidized nor reduced:

$$CCl_3CH_3 \rightarrow CHCl_2CH_2 + HCl$$

5.37 Note: Lots of reactions are possible for each compound.

(a) Class of pesticide: triazine
Possible reactions: reductive dechlorination, dealkylation, hydrolysis, deamination
Reductive dechlorination: need anaerobic conditions

[Triazine structure with Cl, NHCH(CH$_3$)$_2$, and CH$_2$CH$_3$ substituents] $+ H^+ + 2\,e^- \rightarrow$ [Triazine structure with Cl, NHCH(CH$_3$)$_2$, and CH$_2$CH$_3$ substituents] $+ Cl^-$

(5-37) (b) Class of pesticide: carbamate
Possible reactions: hydrolysis, deamination

Hydrolysis: could be aerobic or anaerobic

$$\text{C}_6\text{H}_5\text{-NHCOOCH(CH}_3)_2 + H_2O \rightarrow \text{C}_6\text{H}_5\text{-NHCOOH} + CHOH(CH_3)_2$$

or,

$$\text{C}_6\text{H}_5\text{-NHCOOCH(CH}_3)_2 + H_2O \rightarrow \text{C}_6\text{H}_5\text{-OH} + NH_2COOCH(CH_3)_2$$

(c) Class of pesticide: chlorinated hydrocarbon
Possible reactions: reductive dechlorination, elimination (dehydrochlorination), hydrolysis

Elimination: probably aerobic, could be anaerobic

$$Cl\text{-C}_6H_4\text{-CH(CCl}_3)\text{-C}_6H_4\text{-}Cl \rightarrow Cl\text{-C}_6H_4\text{-C(=CCl}_2)\text{-C}_6H_4\text{-}Cl + HCl$$

Note: reductive dechlorination will probably occur first with the alkyl Cl, not the ring Cl.

(d) Class of pesticide: organo–P (malathion)
Possible reactions: hydrolysis, which can happen many places in this molecule!!

$$\underset{\underset{O\text{-}CH_3}{|}}{CH_3\text{-}O\text{-}\overset{\overset{S}{\|}}{P}\text{-}S\text{-}\underset{CH_2COOCH_2CH_3}{\overset{CH_2COOCH_2CH_3}{|}}{CH}\text{-}COOCH_2CH_3} + 2H_2O \rightarrow CH_3\text{-}O\text{-}\overset{S}{\underset{O\text{-}CH_3}{\overset{\|}{P}}}\text{-}S\text{-}\underset{CH_2COOH}{\overset{CH_2COOH}{|}}{CH}\text{-}COOH + 2CH_3CH_2OH$$

probably aerobic

The compound can be hydrolyzed further:

$$CH_3\text{-}O\text{-}\overset{S}{\underset{O\text{-}CH_3}{\overset{\|}{P}}}\text{-}S\text{-}CH(CH_2COOH)\text{-}COOH + 2H_2O \rightarrow HO\text{-}\overset{S}{\underset{OH}{\overset{\|}{P}}}\text{-}S\text{-}CH(CH_2COOH)\text{-}COOH + 2CH_3OH$$

The carboxyl groups of the above right compound can be removed as CO2, an oxidation (decarbolyxation).

5.38 First-order: $\quad \dfrac{dC}{dt} = -kC \qquad\qquad C = C_o e^{-kt}$

Half-life $= \dfrac{\ln 2}{k}$

Overall: $\quad \dfrac{dC}{dt} = -k_p C - k_n C - k_{ox} C = \underbrace{-(k_p + k_n + k_{ox})}_{\text{overall } k}\, C$

Reaction	k (day^{-1})	Half-life (days)
photolysis	0.10	6.9
hydrolysis	0.028	24.8
oxidation	0.005	139
overall	0.133	5.2 days

5-39 Using Eq. (5.69):

$\log S = 1.543 + 1.638\, {^0\chi} - 1.374\, {^0\chi^v} + 1.003\, \bar{\Phi}$

Compound	$^0\chi$	$^0\chi^v$	$\bar{\Phi}$	log S
phenol	4.38	3.83	-4.11	-0.667
2-chlorophenol	5.30	4.89	-4.71	-1.219
pentachlorophenol	9.00	9.46	-7.12	-3.854
naphthalene	5.61	5.61	-6.72	-3.716
phenanthrene	7.77	7.77	-8.98	-5.413
benzo(a)pyrene	10.92	10.92	-12.00	-7.610

Compound	S $\left(\dfrac{mol}{l}\right)$	MW	S $\left(\dfrac{mg}{l}\right)$	S $\left(\dfrac{mg}{l}\right)$ from Table 5.18
phenol	0.215	94	20,210	93,000
2-chlorophenol	0.060	128.5	7,710	28,500
pentachlorophenol	1.40×10^{-4}	266.5	37	14
naphthalene	1.92×10^{-4}	128	25	31
phenanthrene	3.86×10^{-6}	178	0.7	NA
benzo(a)pyrene	2.45×10^{-8}	251	0.0062	0.0038

Seems to work well for sparingly soluble compounds (S < 100 mg/l), but not so well for very soluble compounds like phenol and 2-chlorophenol.

5-40 $K_{ow} = -0.862 \log S + 0.710 \qquad\qquad$ (Eq. 5.70)

Rearranging, $\log S = 0.824 - 1.160 \log K_{ow}$

Compound	log K_{ow}	log S	S $\left(\dfrac{mg}{l}\right)$	S $\left(\dfrac{mg}{l}\right)$ from Table 5.18
phenol	1.48	-0.893	12,030	93,000
2-chlorophenol	2.17	-1.693	2,600	28,500
pentachlorophenol	5.04	-5.022	2.5	14
naphthalene	3.29	-2.992	130	31
benzo(a)pyrene	6.06	-6.206	0.16	0.0038

(5-40) This QSAR seems, in general, to under-predict by a significant margin the solubilities given in Table 5.18. This could be due to the fact that this QSAR was developed for 36 compounds, and the compounds listed in Table 5.19 may not be included in these 36. This demonstrates the limitations of QSARs.

5-41 Use Eq. (5.71): $\log BF = \log K_{ow} - 1.32$

Compound	$\log K_{ow}$ (from Table 5.18)	$\log BF$	Rank*
chloroform	1.97	0.65	3
trichloroethylene	2.29	0.97	5
benzene	2.13	0.81	4
toluene	2.69	1.37	6
phenol	1.48	0.16	2
benzo(a)pyrene	6.06	4.74	7
acrolein	0.01	-1.31	1
DDT	6.91	5.59	8

*1 = lowest degree.

5-42
$$\log IC_{50} = 5.24 - 4.15\left(\frac{V_i}{100}\right) + 3.71\,\beta_m - 0.41\,\alpha_m \qquad \text{(Eq. 5.73)}$$

$$\log IC_{50} = 5.12 - 0.76 \log K_{ow} \qquad \text{(Eq. 5.74)}$$

Compound	$\log IC_{50}$ (from Eq. 72)	$\log IC_{50}$ (from Eq. 5.73)	Rank* (Eq. 5.73)	(Eq. 5.74)
dichloromethane	3.98	4.16	2	1
chloroform	3.39	3.62	4	3
1,1,1-trichloroethane	3.09	3.21	8	6
trichloroethylene	3.26	3.38	6	5
benzene	3.72	3.50	3	4
toluene	3.30	3.08	5	7
chlorobenzene	3.16	2.96	7	8
phenol	3.99	4.00	1	2

*1 = lowest degree.

Note: none are particularly toxic based upon this analysis (IC_{50}s are all above 1000 mg/l !!)

CHAPTER 6

6-1 Biological catalysts.

6-2 (a) Extracellular or intracellular
(b) Hydrolases and desmolases

6-3 See text.

6-4 This enzyme catalyzes the oxidation of chlorinated compounds, such as trichloroethylene. Thus environmental engineers could use bacteria containing this enzyme to treat waters and wastes containing these compounds.

6-5 Less energy available from anaerobic treatment and therefore fewer biological cells produced for disposal.

6-6 (a) Stearic acid (18 carbon) would produce 9 acetic acid molecules

(b) Each beta-oxidation removes 4 H, 8 oxidations involved produce $8 \times 4 = 32$ H

(c) $9\ CH_3COOH \rightarrow 9\ CH_4 + 9\ CO_2$

$32\ H + 4\ CO_2 \rightarrow 4\ CH_4 + 8\ H_2O$

∴ 9 moles from acetic acid, 4 moles from hydrogen.

6-7 (a) First omega-oxidation

$$CH_3(CH_2)_6 CH_3 + \tfrac{1}{2} O_2 \rightarrow CH_3(CH_2)_6 CH_2OH$$

$$CH_3(CH_2)_6 CH_2OH + \tfrac{1}{2} O_2 \rightarrow CH_3(CH_2)_6 \overset{O}{\underset{\|}{C}}-H + H_2O$$

$$CH_3(CH_2)_6 \overset{O}{\underset{\|}{C}}-H + \tfrac{1}{2} O_2 \rightarrow CH_3(CH_2)_6 \overset{O}{\underset{\|}{C}}-OH$$
octanoic acid

In β-oxidation, carbons are "chopped off", 2 carbons at a time in the form of CH_3COOH as shown in the text.

$$CH_3(CH_2)_6 \overset{O}{\underset{\|}{C}}-OH \xrightarrow{\text{β-oxidation}} 4\ CH_3COOH$$

Now, if CH_3COOH into TCA cycle $\rightarrow CO_2 + 16\ H$

(b) <u>4</u> [as shown in (a)]

(c) 4H are removed during each per β-oxidation cycle

∴ 4H/cycle (3 cycles) = <u>12 H</u> [12 NADH]

6-8 (a) From Table 6.5, $f_{s,max} = 0.36$, thus $f_s = 0.36$, $f_e = 1 - 0.36 = 0.64$

Using R_c = React 2, R_e = React 4, and R_d = React 17 from Table 6.4:

$0.36\ R_c$: $0.0129\ NO_3^- + 0.0643\ CO_2 + 0.3729\ H^+ + 0.36\ H^+$
$ = 0.0129\ C_5H_7O_2N + 0.1414\ H_2O$

$0.64\ R_e$: $0.128\ NO_3^- + 0.768\ H^+ + 0.64\ e^- = 0.064\ N_2 + 0.384\ H_2O$

$-R_d$: $0.1667\ CH_3OH + 0.1667\ H_2O = 0.1667\ CO_2 + H^+ + e^-$

R: $0.1409\ NO_3^- + 0.1667\ CH_3OH + 0.1409\ H^+$
$ = 0.0129\ C_5H_7O_2N + 0.1024\ CO_2 + 0.3587\ H_2O + 0.064\ N_2$

(b) $100\ \dfrac{(0.1667)(32)}{(0.1409)(62)} = 61.1$ mg/l methanol required

(c) $\dfrac{0.0129}{0.1409}(100) = 9.2$ percent

6-9 (a) From Table 6.5, $f_{s,max} = 0.59$, thus $f_s = 0.59$, $f_e = 1 - 0.59 = 0.41$

Using R_c = React 1, R_e = React 3, and R_d = React 11 from Table 6.4:

$0.59\ R_c$: $0.118\ CO_2 + 0.0295\ HCO_3^- + 0.0295\ NH_4^+ + 0.59\ H^+ + 0.59\ e^-$
$ = 0.0295\ C_5H_7O_2N + 0.2655\ H_2O$

$0.41\ R_e$: $0.1025\ O_2 + 0.41\ H^+ + 0.41\ e^- = 0.205\ H_2O$

$-R_d$: $0.125\ CH_3COO^- + 0.375\ H_2O = 0.125\ CO_2 + 0.125\ HCO_3^- + H^+ + e^-$

R: $0.125\ CH_3COO^- + 0.0295\ NH_4^+ + 0.1025\ O_2$
$ = 0.0295\ C_5H_7O_2N + 0.007\ CO_2 + 0.0955\ H_2O + 0.0955\ HCO_3^-$

(b) $100\ \dfrac{(0.1025)(32)}{(0.125)(59)} = 44.5$ grams O_2 required

(c) $\dfrac{0.0295(113)}{0.125(59)} = 0.45$ grams bacteria per gram acetate

6-10 (a) Autotrophic.

(b) From Table 6.4, the overall energy reaction is given by subtracting Reaction 18 from Reaction 3, thus $\Delta G^o(W)$ for the reaction is $-78.14 - (-74.40) = -3.74$ kJ per electron equivalent; since energy of reaction is less than zero, reaction could occur spontaneously.

(6-10) (c) From Table 6.5, $f_{s,max} = 0.07$, thus $f_s = 0.07$, $f_e = 1 - 0.07 = 0.93$

Using R_c = React 1, R_e = React 3, and R_d = React 18 from Table 6.4:

$0.07\ R_c$: $0.014\ CO_2 + 0.0035\ HCO_3^- + 0.0035\ NH_4^+ + 0.07\ H^+ + 0.07\ e^-$
$\qquad\qquad\qquad = 0.0035\ C_5H_7O_2N + 0.0315\ H_2O$

$0.93\ R_e$: $0.2325\ O_2 + 0.93\ H^+ + 0.93\ e^- = 0.465\ H_2O$

$-R_d$: $Fe^{2+} = Fe^{3+} + e^-$

R: $Fe^{2+} + 0.2325\ O_2 + 0.0035\ NH_4^+ + 0.0035\ HCO_3^- + 0.014\ CO_2 + H^+$
$\qquad = Fe^{3+} + 0.0035\ C_5H_7O_2N + 0.4965\ H_2O$

(d) $100\ \dfrac{0.2325\ (32)}{55.8} = 0.133$ grams O_2/gram Fe

6-11 (a) From Table 6.5, $f_{s,max} = 0.20$, thus $f_s = 0.20$, $f_e = 1 - 0.2 = 0.8$

Using R_c = React 1, R_e = React 4, and R_d = React 24 from Table 6.4:

$0.2\ R_c$: $0.04\ CO_2 + 0.01\ HCO_3^- + 0.01\ NH_4^+ + 0.2\ H^+ + 0.2\ e^-$
$\qquad\qquad\qquad = 0.01\ C_5H_7O_2N + 0.09\ H_2O$

$0.8\ R_e$: $0.16\ NO_3^- + 0.96\ H^+ + 0.8\ e^- = 0.08\ N_2 + 0.48\ H_2O$

$-R_d$: $0.125\ S_2O_3^{2-} + 0.625\ H_2O = 0.25\ SO_4^{2-} + 1.25\ H^+ + e^-$

R: $0.125\ S_2O_3^{2-} + 0.04\ CO_2 + 0.01\ NH_4^+ + 0.01\ HCO_3^- + 0.16\ NO_3^- + 0.055\ H_2O$
$\qquad = 0.25\ SO_4^{2-} + 0.01\ C_5H_7O_2N + 0.08\ N_2 + 0.09\ H^+$

(b) $\dfrac{0.125\ (158)}{0.16(62)} = 1.99$ grams $Na_2S_2O_3$/gram NO_3^-

6-12 (a) $\qquad C_6H_6O + 11\ H_2O \rightarrow 6\ CO_2(g) + 28\ H^+ + 28\ e^-$

$\qquad\qquad \tfrac{1}{28} C_6H_6O + \tfrac{11}{28} H_2O \rightarrow \tfrac{3}{14} CO_2 + H^+ + e^-$

$\Delta G^\circ_{298}\qquad -65.77\qquad -237.2\qquad -394.4\qquad -40.46\qquad 0$
(at pH = 7)

(b) $\Delta G^\circ(W) = \tfrac{1}{28}[6(-394.4) + 28(-40.46) - (-65.77 + 11(-237.2))]$

$\qquad\qquad \Delta G^\circ(W) = \underline{-29.44}$ kJ/e eq

(c) For phenol as $R_d \rightarrow \Delta G^\circ(W) = -29.44$
For CO_2-CH_4 as $R_a \rightarrow \Delta G^\circ(W) = \underline{+24.11}$

$\qquad\qquad \Delta G^\circ(W)_{reax} = -5.33$ kJ/e eq

<u>Yes, ΔG is negative</u>

(6-12) (d) $f_s = 0.10$ and $f_e = 0.90$

$-R_d$: $\;0.036\; C_6H_6O + 0.393\; H_2O = 0.214\; CO_2 + H^+ + e^-$

$+f_eR_a$: $\;0.113\; CO_2 + 0.9\; H^+ + 0.9\; e^- = 0.113\; CH_4 + 0.225\; H_2O$

$+f_sR_c$: $\;0.020\; CO_2 + 0.005\; HCO_3^- + 0.05\; NH_4^+ + 0.1\; H^+ + 0.1\; e^- = 0.005\; C_5H_7O_2N + 0.045\; H_2O$

$0.036\; C_6H_6O + 0.005\; HCO_3^- + 0.005\; NH_4^+ + 0.123\; H_2O = 0.005\; C_5H_7O_2N +$
$$0.113\; CH_4 + 0.081\; CO_2$$

or

$C_6H_6O + 0.14\; HCO_3^- + 0.14\; NH_4^+ + 3.42\; H_2O = 0.14\; C_5H_7O_2N + 3.14\; CH_4 + 2.25\; CO_2$

(e) $\quad \dfrac{(3.14)(22.4)\; l\text{–}CH_4}{(1)(94\; g\; C_6H_6O)} \left(1000\; \dfrac{mg\; C_6H_6O}{l}\right)\left(\dfrac{1\; g}{1000\; mg}\right)\left(0.98\; \dfrac{mg\; removed}{mg\; added}\right) =$

$$\underline{\underline{0.73}}\; \dfrac{l\; CH_4\; produced}{l\; waste} \quad \text{(at STP)}$$

6-13 $R = f_sR_c + f_eR_a - R_d$

From Table 6.5 → $f_{s,max} = 0.10$ $f_e = 0.90$

$-R_d$: $\;0.125\; NH_4^+ + 0.375\; HCO_3^- = 0.125\; NO_3^- + 1.25\; H^+ + e^-$

f_eR_a: $\;0.225\; O_2 + 0.9\; H^+ + 0.9\; e^- = 0.45\; H_2O$

f_sR_c: $\;0.020\; CO_2 + 0.005\; HCO_3^- + 0.005\; NH_4^+ + 0.1\; H^+ + 0.1\; e^- =$
$$0.005\; C_5H_7O_2N + 0.045\; H_2O$$

(a) $\quad 0.130\; NH_4^+ + 0.225\; O_2 + 0.005\; HCO_3^- + 0.020\; CO_2 =$
$$0.125\; NO_3^- + 0.005\; C_5H_7O_2N + 0.25\; H^+ + 0.120\; H_2O$$

(b) $\quad \left(\dfrac{0.225\; \text{mole}\; O_2}{0.130\; \text{mole}\; N}\right)\left(\dfrac{32{,}000\; \frac{mg\; O_2}{mole}}{14{,}000\; \frac{mg\; N}{mole\; N}}\right)(25\; mg/l\; NH_4^+\text{–}N) = \underline{\underline{98.9}}\; mg/l\; O_2$

(c) $\quad \left(\dfrac{0.005\; \text{mole bacteria}}{0.130}\right)\left(\dfrac{113{,}000\; \frac{mg\; C_5H_7O_2N}{mole}}{14{,}000}\right)(25) = \underline{\underline{7.8}}\; mg/l\; \text{bacteria}$

(d) HCO_3^- consumed and H^+ produced !!

$\quad \left(\dfrac{0.25 + 0.005\; \text{equiv. alk}}{0.130}\right)\left(\dfrac{50{,}000\; \frac{mg\; alk}{eq}}{14{,}000}\right)(25) = \underline{\underline{175}}\; mg/l\; \text{as}\; CaCO_3$

6-14 $\qquad R = f_s R_c + f_e R_a - R_d \qquad$ Assume $f_s = 0.10$, then $f_e = 0.90$

$-R_d$: $\quad 0.020\ C_{10}H_{19}O_3N + 0.360\ H_2O = 0.180\ CO_2 + 0.020\ NH_4^+ + 0.020\ HCO_3^- + H^+ + e^-$

$f_e R_a$: $\quad 0.112\ CO_2 + 0.892\ H^+ + 0.892\ e^- = 0.112\ CH_4 + 0.223\ H_2O$

$f_s R_c$: $\quad 0.022\ CO_2 + 0.005\ HCO_3^- + 0.005\ NH_4^+ + 0.108\ H^+ + 0.108\ e^- =$
$\qquad\qquad\qquad\qquad\qquad 0.005\ C_5H_7O_2N + 0.049\ H_2O$

$0.020\ C_{10}H_{19}O_3N + 0.088\ H_2O = 0.112\ CH_4 + 0.046\ CO_2 + 0.005\ C_5H_7O_2N$
$\qquad\qquad\qquad\qquad\qquad + 0.015\ NH_4^+ + 0.015\ HCO_3^-$

$$\frac{(0.112\ \text{mole }CH_4)(22.4\ \text{l/mole})}{(0.02\ \text{mole }C_{10}H_{19}O_3N)(201\ \text{g/mole})} = 0.624\ \text{l/g}$$

$$2500\ T\left(\frac{2000\ \text{lb}}{T}\right)\left(\frac{454\ \text{g}}{\text{lb}}\right) = 2.27 \times 10^9\ \text{g}$$

$$\left(0.624\ \frac{\text{l}}{\text{g}}\right)(2.27 \times 10^9\ \text{g})\left(\frac{1\ \text{ft}^3}{28.3\ \text{l}}\right) = \underline{\underline{5.01 \times 10^7\ \text{ft}^3\ CH_4}}$$

Justification for f_s: examination of Table 6.5 indicates that when CO_2 is the electron acceptor, $f_{s,max}$ ranges from 0.05 to 0.28. Wastewater sludge is likely to contain fatty acids, proteins, and carbohydrates.

6.15 Use half-reactions to estimate O_2 consumption and compare with the amount of O_2 in the lake.

Amount of O_2 in the lake $= 7.5\ \frac{\text{mg}}{\text{l}}\ (5 \times 10^8\ \text{l}) = 3.79 \times 10^9\ \text{mg}\ O_2$

$\qquad$ Use $\quad R = f_e R_a + f_s R_c - R_d \qquad$ (fat type shows what we are interested in)

$f_s + f_e = 1$: $\quad$ Use $f_{s,max}$ values from Table 6.5; none listed for benzoate and propionate, since these are acids; guess they will be most like "fatty acids":

$$f_s = 0.59 \quad \text{and} \quad f_e = 1 - 0.59 = 0.41.$$

Now, from Table 6.4, using 0.41 (Reaction 3) − Reaction 13 for benzoate:

$$\tfrac{1}{30} C_6H_5 COO^- + 0.41 \left(\tfrac{1}{4}\right) O_2 + \text{-----} \rightarrow \text{-----}$$

$$\frac{(0.41)(1/4)(32)}{(1/30)(121)} = 0.81\ \frac{\text{mg }O_2\text{ required}}{\text{mg benzoate}}$$

$$\therefore\ O_2\text{ used} = \left(0.81\ \frac{\text{mg }O_2}{\text{mg Bz}}\right)(2 \times 10^6\ \text{gal})\left(\frac{3.78\ \text{l}}{\text{gal}}\right)\left(1000\ \frac{\text{mg Bz}}{\text{l}}\right)$$

$$O_2\text{ used} = 6.12 \times 10^9\ \text{mg}$$

(6-15) Then, from Table 6.4, using 0.41 (Reaction 3) − Reaction 12 for propionate:

$$\tfrac{1}{14} CH_3CH_2 COO^- + 0.41 \left(\tfrac{1}{4}\right) O_2 + \text{-----} \rightarrow \text{-----}$$

$$\frac{(0.41)(1/4)(32)}{(1/14)(73)} = 0.63 \frac{\text{mg } O_2 \text{ required}}{\text{mg propionate}}$$

$$\therefore \quad O_2 \text{ used} = \left(0.63 \frac{\text{mg } O_2}{\text{mg Pr}}\right)(2 \times 10^6 \text{ gal})\left(\frac{3.78 \text{ l}}{\text{gal}}\right)\left(500 \frac{\text{mg Pr}}{\text{l}}\right)$$

$$O_2 \text{ used} = 2.38 \times 10^9 \text{ mg}$$

Total O_2 needed = $6.12 \times 10^9 + 2.38 \times 10^9 = 8.5 \times 10^9$ mg

Total O_2 available = 3.79×10^9 mg

<u>YES</u> — will go anaerobic <u>if</u> no atmospheric reaeration takes place !!

6-16

(a) [monochlorobenzene] is easier under aerobic conditions (lowest number of Cl).

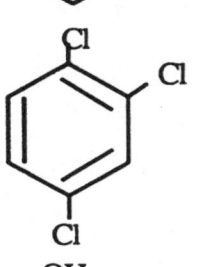

[1,2,4-trichlorobenzene] may be easier under reducing conditions (more Cl's available).

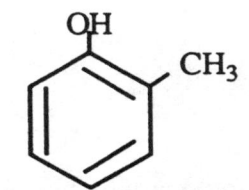

(b) [2-methylphenol (o-cresol)] because ortho (1,2) position is easier to degrade than meta (1,3) position.

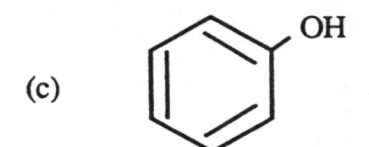

(c) [phenol] because hydroxy group is easier to "attack" than the $-NO_2$ group. However, under anaerobic conditions, the $-NO_2$ is easily reduced to $-NH_2$.

(d) $RCOOCH_2R'$ is easier because it is an ester; $RCH_2)CH_2R'$ is an ether.

(e) RCH_2COH is easier because it is an aldehyde; RCH_2COCH_3 is a ketone.

(f) $RCH_2 CH(CH_3) CH_2 COOH$ is easier because it contains a "tertiary carbon while $RCH_2 C(CH_3)_2 CH_2COOH$ contains a "quaternary" carbon.

6-17 Several may be possible !

[Reaction 1] 4-chloro-N-hexanoylaniline + H$_2$O →(hydrolysis) 4-chloroaniline + CH$_3$(CH$_2$)$_4$-C(O)-OH

[Reaction 2] 4-chloroaniline + 2 H$_2$O →(deamination substitution) 4-chlorophenol + NH$_3$ + HCl

[Reaction 3] hydroquinone + H$_2$O → hydroxyhydroquinone (1,2,4-trihydroxybenzene) + H$^+$ + e$^-$

[Reaction 4] 1,2,4-trihydroxybenzene + 2 H$_2$O → 3-hydroxy-cis,cis-muconic acid (HOOC-CH=CH-C(OH)=CH-COOH) + 4H$^+$ + 4e$^-$

[Reaction 5] 3-hydroxy-muconic acid + 7 H$_2$O → 6 CO$_2$ + 20 H$^+$ + 20 e$^-$

All of the above could take place under aerobic conditions.

The final oxidation steps are not balanced.

Note that the Cl could be removed by reductive dechlorination, but this would require <u>anaerobic</u> conditions.

6-18 (a) Complete reduction: $CH_3CCl_3 + 3H^+ + 6e^- \rightarrow CH_3CH_3 + 3Cl^-$

$\frac{1}{6} CH_3CCl_3 + \frac{1}{2} H^+ + e^- \rightarrow \frac{1}{6} CH_3CH_3 + \frac{1}{2} Cl^-$

Partial reduction: $CH_3CCl_3 + H^+ + 2e^- \rightarrow CH_3CHCl_2 + Cl^-$

$\frac{1}{2} CH_3CCl_3 + \frac{1}{2} H^+ + e^- \rightarrow \frac{1}{2} CH_3CHCl_2 + \frac{1}{2} Cl^-$

(b) $CH_3COO^- + 2H_2O \rightarrow 2CO_2 + 7H^+ + 8e^-$

$\frac{1}{8} CH_3COO^- + \frac{1}{4} H_2O \rightarrow \frac{1}{4} CO_2 + \frac{7}{8} H^+ + e^-$

(6-18) (c)   Complete reduction:

$$\tfrac{1}{8}CH_3COO^- + \tfrac{1}{6}CH_3CCl_3 + \tfrac{1}{4}H_2O \rightarrow \tfrac{1}{4}CO_2 + \tfrac{1}{6}CH_3CH_3 + \tfrac{1}{2}Cl^- + \tfrac{3}{8}H^+$$

$\Rightarrow$ $\quad 3\,CH_3COO^- + 4CH_3CCl_3 + 6H_2O \rightarrow 6CO_2 + 4CH_3CH_3 + 12Cl^- + 9H^+$

Partial reduction:

$$\tfrac{1}{8}CH_3COO^- + \tfrac{1}{2}CH_3CCl_3 + \tfrac{1}{4}H_2O \rightarrow \tfrac{1}{4}CO_2 + \tfrac{1}{2}CH_3CHCl_2 + \tfrac{1}{2}Cl^- + \tfrac{3}{8}H^+$$

$\Rightarrow$ $\quad CH_3COO^- + 4CH_3CCl_3 + 2H_2O \rightarrow 2CO_2 + 4CH_3CHCl_2 + 4Cl^- + 3H^+$

(d) $\quad CH_3CCl_3 + 4H_2O \rightarrow 2CO_2 + 3Cl^- + 11H^+ + 8e^-$

$$\tfrac{1}{8}CH_3CCl_3 + \tfrac{1}{2}H_2O \rightarrow \tfrac{1}{4}CO_2 + \tfrac{3}{8}Cl^- + \tfrac{11}{8}H^+ + e^-$$

(e) $\quad CO_2 + 8H^+ + 8e^- \rightarrow CH_4 + 2H_2O$

$$\tfrac{1}{8}CO_2 + H^+ + e^- \rightarrow \tfrac{1}{8}CH_4 + \tfrac{1}{4}H_2O$$

(f) $\quad \tfrac{1}{8}CH_3CCl_3 + \tfrac{1}{8}CO_2 + \tfrac{1}{4}H_2O \rightarrow \tfrac{1}{4}CO_2 + \tfrac{1}{8}CH_4 + \tfrac{3}{8}Cl^- + \tfrac{3}{8}H^+$

$\Rightarrow$ $\quad CH_3CCl_3 + 2H_2O \rightarrow CO_2 + CH_4 + 3Cl^- + 3H^+$

Note also that for part (b), oxidation of $H_2(g)$ (Reaction 25, Table 6.4) could also provide the electrons needed in an anaerobic system.

Note also that in anaerobic systems, CO_2 can be converted to CH_3COO^- [reverse of (b) above] and thus serve as an alternative to reaction (e) !

6-19 Can evaluate on the basis of (1) oxidation state of the C in the compound and (2) $E^{o'}$ values from Table 6.6.

$\quad CCl_4 \quad \rightarrow$ oxidation state of C = +4 (same as CO_2); therefore, no <u>net</u> oxidation is possible!

$\quad CH_2Cl_2 \quad \rightarrow$ oxidation state of C = 0; oxidation of CH_2Cl_2 to $CHCl_3$ has $E^{o'} = -0.56v$

$\quad CCl_3CCl_3 \quad \rightarrow$ oxidation state of C = +3; therefore, not much oxidation is possible

$\quad CHClCCl_2 \quad \rightarrow$ oxidation state of C = +1; oxidation of $CHClCCl_2$ to CCl_2CCl_2 has $E^{o'} = -0.58v$

$\quad CH_2CHCl \quad \rightarrow$ oxidation state of C = –1; oxidation of CH_2CHCl to $CHClCHCl$ has $E^{o'} = -0.37v$

More positive $E^{o'}$ means compound more likely to be oxidized!

Also, note that oxidation would likely involve conversion to oxygenated rather than more chlorinated compounds. For example, CH_2CHCl would be more likely to be oxidized to CH_2CHOH than to $CHClCHCl$. Abovr $E^{o'}$ values are just used for comparison.

(6-19) Rank: Easiest: CH_2CHCl (vinyl chloride)
                              CH_2Cl_2 (dichloromethane)
                ↓ $CHClCCl_2$ (trichloroethylene)
                              CCl_3CCl_3 (hexachloroethane)
        Most difficult: CCl_4 (carbon tetrachloride)

6-20 Based on the general observation that highly chlorinated compounds such as hexachloroethane and tetrachloroethylene are fairly easy to degrade via reductive dechlorination and that, as compounds become less and less chlorinated, they are easier to remove by oxidation under aerobic conditions, one could propose sequential treatment with an anaerobic environment followed by an aerobic environment. Of course, the appropriate microorganisms must be stimulated to catalyze the necessary reactions.

CHAPTER 7

7-1
to
7-7 See text.

7-8 Zeta potential is used to estimate the surface potential of a colloid. This potential must be reduced in order to destabilize and remove the colloid. Different coagulation strategies can be tested by measuring the change in zeta potential caused by a given "strategy."

7-9 1. Radium could be sorbed onto the surface of the solids formed during coagulation and be removed by settling and/or filtration of the solids.

2. Radium itself could be precipitated.

3. Radium could be sorbed onto colloidal surfaces and be removed along with the colloids.

CHAPTER 8

8-1 See text.

8-2 $C = C_0 e^{-kt}$

$$k = \frac{0.693}{C_{1/2}} = \frac{0.693}{5720} \text{ year} = 1.21 \times 10^{-4}/\text{year}$$

$$\frac{C}{C_0} = e^{-(1.21 \times 10^{-4})(1)} \cong 1 - 1.2 \times 10^{-4} = 0.99988$$

8-3 (a) $^{230}_{90}\text{Th} \rightarrow ^{4}_{2}\text{H} + ^{226}_{88}\text{Ra}$

(b) $^{40}_{19}\text{K} \rightarrow \beta + ^{40}_{20}\text{Ca}$

8-4 (a) $^{238}_{93}\text{U} + ^{1}_{0}\text{n} \rightarrow ^{239}_{93}\text{U} + \gamma$

(b) $^{1}_{1}\text{H} + ^{1}_{0}\text{n} \rightarrow ^{2}_{1}\text{H} + \gamma$

(c) $^{6}_{3}\text{Li} + ^{1}_{0}\text{n} \rightarrow ^{2}_{1}\text{H} + ^{4}_{2}\text{He}$

(d) $^{10}_{5}\text{B} + ^{1}_{0}\text{n} \rightarrow ^{7}_{3}\text{Li} + ^{4}_{2}\text{He}$

8-5 $\frac{C}{C_0} = e^{-kt} = \frac{4}{12}$ $\quad\quad k = \frac{0.693}{t_{1/2}} = \frac{0.693}{5720} = 1.2 \times 10^{-4}/\text{year}$

$\ln 3 = kt = 1.21 \times 10^{-4} t$

$t = \frac{1.095}{1.2 \times 10^{-4}} = \underline{9050} \text{ years}$

8-6 $E = mc^2 = 1 (2.998 \times 10^{10})^2 = 9 \times 10^{20} \text{ ergs}$

$= \frac{9 \times 10^{20}}{1.602 \times 10^{-12}} = 5.62 \times 10^{32} \text{ ev or } \underline{5.62 \times 10^{26}} \text{ Mev}$

8-7 (a) $^{14}_{6}\text{C} \rightarrow ^{14}_{7}\text{N} + \beta$

(b) $^{22}_{11}\text{Na} \rightarrow ^{22}_{10}\text{Ne} + \beta^+$

(c) $^{226}_{88}\text{Ra} \rightarrow ^{222}_{86}\text{Rn} + ^{4}_{2}\text{He}$

(d) $^{32}_{15}\text{P} \rightarrow ^{32}_{16}\text{S} + \beta$

(e) $^{3}_{1}\text{H} \rightarrow ^{3}_{2}\text{He} + \beta$

8-8 $\frac{C}{C_o} = 0.001 = e^{-kt}$ $\qquad k = \frac{0.693}{t_{1/2}} = \frac{0.693}{15.0 \text{ hr}} = 0.0462/\text{hour}$

$\ln 1000 = 6.9 = kt = 0.0462\, t$

$t = \frac{6.9}{0.0462} = \underline{\underline{149}}$ hours or $\underline{\underline{6.22}}$ days

8-9 Need to use the concept of half-life introduced in Chapter 3.

From Table 8.3, the half-life of ^{239}Pu is 24,360 years.

$t_{1/2} = \frac{\ln 2}{k}$ $\qquad k = \frac{\ln 2}{t_{1/2}} = \frac{\ln 2}{24,360}$

$\qquad\qquad\qquad\qquad k = 2.85 \times 10^{-5} \text{ yr}^{-1}$

$C = C_o e^{-kt}$

$1 \times 10^{-6} \text{ g} = 1\, e^{-2.85 \times 10^{-5} (t)}$

$\ln 1 \times 10^{-6} = -2.85 \times 10^{-5} (t)$

$\qquad\qquad\qquad t = \underline{\underline{484{,}800 \text{ years}}}$!!

CHAPTER 10

10-1 103°C is used to remove all free water from a sample, while minimizing the loss of other materials. 180° is used to remove water of crystallization from inorganic salts as well as from water. 550°C is used to destroy all organic matter while minimizing the loss of inorganic salts.

10-2 (1) To prevent air currents due to heat convection which tends to make warm samples weigh less and cold samples weigh more than their true value.

(2) To prevent the pickup of moisture while the samples are cooling.

10-3 (a) H_2SO_4 M.W. = 2(1) + 32 + 4(16) = 98
E.W. = M.W./2 = <u><u>49</u></u>

(b) HCl M.W. = 1 + 35.5 = 36.5
E.W. = M.W./1 = <u><u>36.5</u></u>

(c) $Ca(OH)_2$ M.W. = 40 + 2(16) + 2(1) = 74
E.W. = M.W./2 = <u><u>37</u></u>

(d) CH_3COOH M.W. = 2(12) + 4(1) + 2(16) = 60
E.W. = M.W./1 = <u><u>60</u></u>

10-4 (a) $KMnO_4$ M.W. = 39 + 55 + 4(16) = 158
E.W. = M.W./5 = <u><u>31.6</u></u>

(b) Ag_2SO_4 M.W. = 2(108) + 32 + 4(16) = 312
E.W. = M.W./2 = <u><u>156</u></u>

(c) $K_2Cr_2O_7$ M.W. = 2(39) + 2(52) + 7(16) = 294
E.W. = M.W./6 = <u><u>49</u></u>

(d) $BaCl_2$ M.W. = 137.3 + 2(35.5) = 208.3
E.W. = M.W./2 = <u><u>104.2</u></u>

10-5 M.W. -- $AgNO_3$ = 108 + 14 + 3(16) = 170

E.W. = M.W./1 = 170 g

Wt. required = $170 \times 0.1 \times \frac{500}{1000}$ = <u><u>8.5</u></u> g

10-6 M.W. $Fe(NH_4)_2(SO_4)_2 \cdot 6H_2O$ = 56 + 2(14) + 8(1) + 64 + 8(16) + 6(18) = 392

E.W. = M.W./1 = 392 g

Wt. required = 0.25×392 = <u><u>98</u></u> g

10-7   E.W. $Ca(OH)_2$ = M.W./2 = (40 + 34)/2 = 37

$$Ca(OH)_2 = \frac{10(0.02)(37)(1000)}{50} = \underline{\underline{148}} \text{ mg/l}$$

10-8   E.W. Cl^- = 35.5

$$Cl^- = \frac{10(0.01)(35.5)(1000)}{100} = \underline{\underline{35.5}} \text{ mg/l}$$

10-9 $c_1 l_1 = c_2 l_2$

$$c_1 = c_2 \frac{l_2}{l_1} = 40 \frac{30}{10} = \underline{\underline{120}} \text{ units}$$

10-10 $c_1 l_1 = c_2 l_2$

$$c_1 = c_2 \frac{l_2}{l_1} = 1 \frac{40}{5.5} = \underline{\underline{7.3}} \text{ mg/l}$$

10-11 $T = 0.7 = \frac{I}{I_o}$

$$A = \log \frac{I_o}{I} = \log \frac{1.0}{0.7} = \log 1.43 = \underline{\underline{0.155}}$$

10-12 $T = 0.85 = 10^{-K''c} = 10^{-K''(0.1)}$

$$\log 0.85 = -0.1 K''$$

$$K'' = \frac{-\log 0.85}{0.1} = \frac{0.0703}{0.1} = 0.703$$

$$T = 10^{-0.703(0.2)} = 10^{-0.1406} = \frac{1}{1.382} = 0.725$$

$$T = \underline{\underline{72.5}} \text{ percent}$$

CHAPTERS 11 TO 13

See text for all answers

CHAPTER 14

14-1 See appendix for location of definitions in book:

Molar solution -- an aqueous solution containing one gram molecular weight of a substance dissolved in one liter of the solution.

Normal solution -- an aqueous solution containing one gram equivalent weight of a substance dissolved in one liter of the solution.

Standard solution -- a solution for which the strength or reacting value is known.

Mole -- a quantity of a compound equal to its molecular weight in grams.

Equivalent weight -- that weight of a compound which contains one gram atoms of available hydrogen or its equivalent per liter of solution.

Milliequivalent -- one thousandth of an equivalent.

14-2 See text.

14-3 (a) $N = \dfrac{1.22}{53} \times \dfrac{1000}{16.2} = \underline{1.42}\, N$

(b) Calc. titr. $= \dfrac{1.22}{53} \times 1000 = 23.0$ ml

Add: $927 \left(\dfrac{23.0 - 16.2}{16.2} \right) = \underline{389}$ ml

14-4 HCl = 36.5

Add: $\dfrac{0.2}{36.5} \times 1000 = \underline{5.48}$ ml

14-5 Calc. titr. $= \dfrac{3.75}{204} \times 1000 = 18.4$ ml

Add: $460 \left(\dfrac{18.4 - 15.0}{15.0} \right) = \underline{104}$ ml

14-6 Calc. titr. $= \dfrac{1.50}{53} \times 1000 = 28.3$ ml

Add: $980 \left(\dfrac{28.3 - 25.0}{25.0} \right) = \underline{129}$ ml

14-7 ml × 1.0 = 500 × 0.0227
ml = $\underline{11.35}$

14-8 ml × 1.0 = 2000 × 0.05
ml = $\underline{100}$

14-9 Weight = $\dfrac{36.5}{0.35} \times 1.05 \times 2 \cong \underline{220}$ g

CHAPTER 15

15-1 (a) $\quad pH = \log \dfrac{1}{[H^+]}$ \quad\quad (b) $pH = 14 - \log \dfrac{1}{[OH^-]}$

15-2 (a) $\quad [H^+] = 1, \; pH = \underline{\underline{0}}$ \quad\quad (b) $[H^+] = 0.1, \; pH = \underline{\underline{1}}$

(c) $\quad [OH^-] = \dfrac{1.7 \times 10^{-8}}{17} = 10^{-9}, \; pH = 14 - 9 = \underline{\underline{5}}$

15-3 (a) $10^{-4}, 10^{-6}$ \quad\quad (b) $10^{-10}, 10^{-8}$

15-4 Ten fold increase.

15-5 $\Delta pH = pH_2 - pH_1 = \log \dfrac{1}{0.5[H_1^+]} - \log \dfrac{1}{[H_1^+]} = \log \dfrac{[H_1^+]}{0.5[H_1^+]} = \log 2 \cong \underline{\underline{0.3}}$

15-6 $[H^+] = 2, \; pH = \log \dfrac{1}{2} = \underline{\underline{-0.3}}$

15-7 $[OH^-] = 2 \times 10^{-2}$ \quad\quad $pH = 14 - \log \dfrac{1}{0.02} = 14 - 1.7 = \underline{\underline{12.3}}$

15-8 $[H^+][OH^-] = 10^{-14}$ \quad\quad $[OH^-] = \dfrac{10^{-14}}{3 \times 10^{-2}} = \underline{\underline{3.33 \times 10^{-13}}}$

CHAPTER 16

16-1 No. Acidity measures both ionized and unionized acids, while pH is a measure of ionized acids only.

16-2 No. The results will be high as the titration will measure both carbon dioxide and acetic acid.

16-3 Sample CO_2 may have been evolved by exposure to the atmosphere and this loss in sample acidity could result in the increased sample pH.

16-4 $[H_2CO_3] = \dfrac{[H^+][HCO_3^-]}{K_1} = \dfrac{[H^+][HCO_3^-]}{4.3 \times 10^{-7}}$

$pH = \log \dfrac{1}{[H^+]} = 7.3, \quad \therefore [H^+] = 10^{-7.3} = 5 \times 10^{-8}$

$[HCO_3^-] = \dfrac{30}{61,000} = 4.92 \times 10^{-4}$

$[H_2CO_3] = \dfrac{(5 \times 10^{-8})(4.92 \times 10^{-4})}{4.3 \times 10^{-7}} = 5.72 \times 10^{-5}$ mole/l

$CO_2 = 5.72 \times 10^{-5} (44,000) \cong 2.5$ mg/l

16-5 (a) $[H^+] = \dfrac{[H_2CO_3]}{[HCO_3^-]} K_1 = \dfrac{(30/44,000)}{(50/61,000)} 4.3 \times 10^{-7} = 3.57 \times 10^{-7}$

$pH = \log \dfrac{1}{[H^+]} = \log 2.8 \times 10^6 \cong \underline{6.4}$

(b) $[H^+] = \dfrac{(3/44,000)}{(50/61,000)} 4.3 \times 10^{-7} = 3.57 \times 10^{-8}$

$pH = \log 2.8 \times 10^7 \cong \underline{7.4}$

16-6 (a) $C_{equil.} = 1740 \times 0.0003 = \underline{0.52}$ mg/l

(b) The carbon dioxide will decrease and approach the equilibrium concentration of 0.52 mg/l. As a consequence, sample pH will increase.

16-7 Lime requirement $= \dfrac{37}{50} \times 60 = \underline{\underline{44}}$ mg/l

CHAPTER 17

17-1   Possible Presence of Alkalinity

pH	HCO_3^-	$CO_3^=$	OH^-
5.5	Yes	No	No
3.0	No	No	No
11.2	Perhaps	Yes	Yes
8.5	Yes	No	No
7.4	Yes	No	No
9.0	Yes	Yes	No

17-2 (a) Phen. alk. = $5.3 \times \frac{1000}{50}$ = 106 mg/l

Total alk. = $15.2 \times \frac{1000}{50}$ = 304 mg/l

(b) Phen. alk. = $20.2 \times \frac{1000}{100}$ = 202 mg/l

Total alk. = $25.6 \times \frac{1000}{100}$ = 256 mg/l

17-3

	Procedure (1)			Procedure (2)		
Sample	HCO_3^-	$CO_3^=$	OH^-	HCO_3^-	$CO_3^=$	OH^-
A	0	110	45	5	100	50
B	98	288	0	103	278	5
C	0	4	80	0	4	80
D	127	0	0	127	0	0

17-4 (a) $[CO_3^=] = \frac{120}{60,000} = 2 \times 10^{-3}$

$[HCO_3^-] = \frac{[H^+][CO_3^=]}{4.7 \times 10^{-11}} = \frac{5.0 \times 10^{-11}}{4.7 \times 10^{-11}} [2 \times 10^{-3}] = 2.1 \times 10^{-3}$

$HCO_3^- = 2.1 \times 10^{-3} (61,000) = \underline{\underline{128}}$ mg/l

(b) OH^- alk. = $50,000 \times 10^{(10.3-14.0)}$ =   10 mg/l

$CO_3^=$ alk. = $\frac{120}{0.6}$ =   200 mg/l

HCO_3^- alk. = $\frac{128}{1.22}$ =   105 mg/l

Total alk. =   315 mg/l

17-1

CHAPTER 18

18-1 See Text.

18-2 Total Hardness = 5(50/20) + 10(50/12.2) + 2(50/43.8) =   **56** mg/l as $CaCO_3$

Carbonate Hardness = Alkalinity =   **50** mg/l as $CaCO_3$

Noncarbonate Hardness = 56 - 50 =   **6** mg/l as $CaCO_3$

18-3 See Text.

CHAPTER 19

19-1 See Text.

19-2 See Text.

19-3 See Text.

19-4 See Text.

19-5 See Text.

19-6 See Text.

19-7 See Text.

19-8 Chlorine addition - Use Eq. 19-1: $Cl_2 + H_2O \rightleftarrows HOCl + H^+ + Cl^-$

H^+ formation causes pH to drop

Hypochlorite addition - Use reverse Eq. 19-3: $H^+ + OCl^- \rightleftarrows HOCl$

H^+ consumed by hypochlorite addition causes pH to rise

19-9 From Eq. 19-4, $[H^+][OCl^-]/[HOCl] = 2.2 \times 10^{-8}$

at pH = 6.8, $[H^+] = 10^{-6.8}$

$[HOCl]/[OCl^-] = 10^{-6.8}/2.7 \times 10^{-8} =$ <u>5.9/1</u>

19-10 $\ln C/C_o = -kt,$ $\ln 0.2/1 = -k(2)$

$k = (-\ln 0.2)/2 = 0.8/min,$ $t = (-\ln 0.01)/0.8 =$ <u>5.8</u> min

19-11 Cl_2, 0; OCl^-, 1; $HOCl$, 1; ClO_2, 4; ClO_2^-, 3; ClO_3^-, 5; Cl^-, -1.

19-12 See Text.

CHAPTER 20

20-1 See text.

20-2 See text.

20-3 Low, end point reached too soon.

20-4 See text.

20-5 See text.

20-6 (a) $[Cl^-] = \dfrac{0.2}{35,500} = 5.63 \times 10^{-6}$ $\qquad\qquad [Ag^+][Cl^-] = 3 \times 10^{-10}$

$[Ag^+] = \dfrac{3 \times 10^{-10}}{5.63 \times 10^{-6}} = 5.32 \times 10^{-5}$

Ag^+ conc. $= 5.32 \times 10^{-5} (107,870) = \underline{5.73}$ mg/l

(b) $[Ag^+]^2 [CrO_4^=] = 5 \times 10^{-12}$

$[Ag^+] = \left(\dfrac{5 \times 10^{-12}}{5 \times 10^{-3}}\right)^{1/2} = 3.16 \times 10^{-5}$

Ag^+ conc. $= 3.16 \times 10^{-5} (107,870) = \underline{3.42}$ mg/l

20-7 See text.

CHAPTER 21

21-1 See Text.

21-2 See Text.

21-3 See Text.

21-4 See Text.

21-5 See Text.

21-6 See Text.

21-7 At 22°C DO saturation = 8.8 mg/l (Table 21-1)

% Saturation = (740/760)(5.3/5.8)100 = $\underline{\underline{59}}$ %

21-8 See Text.

CHAPTER 22

22-1 See text.

22-2 See text.

22-3 See text.

22-4 See text.

22-5 See text.

22-6 See text.

22-7 See text.

22-8 See text.

22-9 See text.

22-10 See text.

22-11 See text.

22-12 (a) $BOD_5 = [(7.8-2.8)(100/0.1)] - (7.8-7.8) =$ <u>5000</u> mg/l

5000 > 7.8, assumption that $DO_s = 7.8$ is good.

(b) $BOD_5 = 5{,}000 \text{ g/m}^3 \times 40 \text{ m}^3 \times 1\text{kg}/1000\text{g} =$ <u>200</u> kg

22-13 $DO_b = (7.7 + 7.9 + 7.9)/3 = 7.8,$ $\quad DO_b - DO_s = 7.8 - 0.0 = 7.8$

DO depletion in 2 ml sample insufficient (7.8 - 6.5 < 2.0)

Depletion in other samples is okay.

$BOD_{5(5 \text{ ml})} = (7.8 - 4.0)(310/5) - 7.8 =$ 228 mg/l

$BOD_{5(10 \text{ ml})} = (7.8 - 0.5)(310/10) - 7.8 =$ 219 mg/l

Select either average of the above two values, or else select the value for which

depletion is the greatest (10 ml sample)

$BOD_5 =$ <u>224</u> mg/l or <u>219</u> mg/l

22-14 (a) From answer to part (c), $BOD_5 = 228(1 - 10^{-0.15(5)}) =$ __187__ mg/l

(b) $BOD_{10} = 228(1 - 10^{-0.15(10)}) =$ __221__ mg/l

(c) $BOD_L = BOD_7/(1 - 10^{-kt}) = 208/(1-10^{-0.15(7)}) =$ __228__ mg/l

22-15 One possibility for this problem is shown in the following. There are several other possibilities, but they all are similar with respect to the two curves.

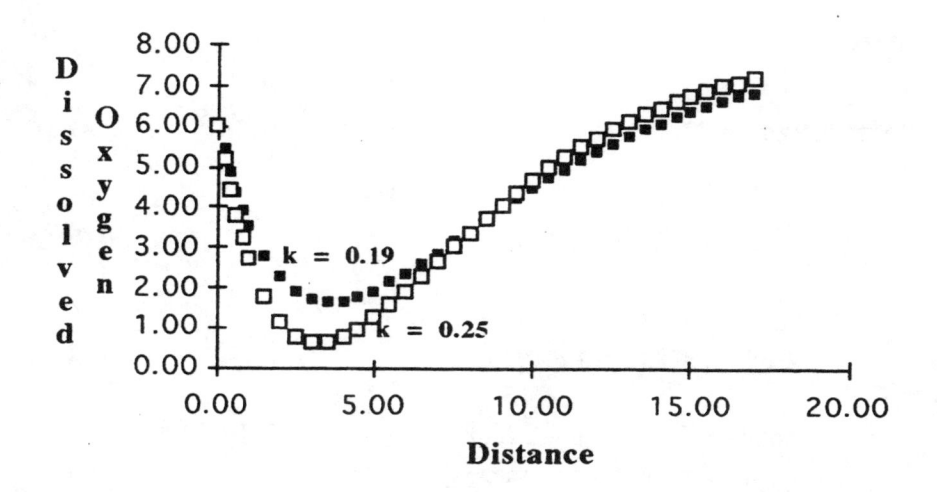

[Graph: Dissolved Oxygen vs Distance, showing two curves with $k = 0.19$ and $k = 0.25$]

22-16 $BOD_5/BOD_L = 1 - 10^{-0.2(5)} = 0.9$, Based upon Eq. 22-1:

(a) $CH_3COOH + 2\ O_2 = 2\ CO_2 + 2\ H_2O$
$BOD_L = 200(2\times 32/60) =$ __213__ mg/l, $BOD_5 = 0.9(213) =$ __192__ mg/l

(b) $CH_3CH_2CH_2CH_2OH + 6.5\ O_2 = 4\ CO_2 + 5\ H_2O$
$BOD_L = 200(6.5\times 32/74) =$ __562__ mg/l, $BOD_5 = 0.9(562) =$ __506__ mg/l

(c) $C_6H_{12}O_6 + 6\ O_2 = 6\ CO_2 + 6\ H_2O$
$BOD_L = 200(6\times 32/180) =$ __213__ mg/l, $BOD_5 = 0.9(213) =$ __192__ mg/l

(d) $C_6H_5COOH + 8.5\ O_2 = 7\ CO_2 + 3\ H_2O$
$BOD_L = 200(8.5\times 32/122) =$ __446__ mg/l, $BOD_5 = 0.9(446) =$ __401__ mg/l

(e) $CH_3CHNH_2COOH + 3\ O_2 = 3\ CO_2 + 2\ H_2O + NH_3$
$BOD_L = 200(3\times 32/89) =$ __216__ mg/l, $BOD_5 = 0.9(216) =$ __194__ mg/l

CHAPTER 23

23-1 See text.

23-2 See text.

23-3 (a) Higher (chloride oxidized)

(b) Lower (fatty acids not oxidized)

(c) Higher (titrant normality assumed to be higher than is)

23-4 See text.

23-5 Use Equation 22-1:

(a) $CH_3CH_2OH + 3 O_2 = 2 CO_2 + 3 H_2O$
COD = 300[3(32)/46] = <u>626</u> mg/l

(b) $C_6H_5OH + 7 O_2 = 6 CO_2 + 3 H_2O$
COD = 300[7(32)/94] = <u>715</u> mg/l

(a) $C_4H_9CHNH_2COOH + 7.5 O_2 = 6 CO_2 + 5 H_2O + NH_3$
COD = 300[7.5(32)/131] = <u>550</u> mg/l

23-6 Use Eq. 22-1:

(a) $CH_3CH_2CH_2CH_2OH + 6 O_2 = 4 CO_2 + 5 H_2O$
COD = 500[6(32)/74] = <u>650</u> mg/l

(b) Assume k = 0.15/d (0.1/d to 0.2/d is reasonable range):
$BOD_5 = 650[1 - 10^{-0.15(5)}]$ = <u>530</u> mg/l

23-7 A. Easily biodegradable

B. Poorly biodegradable or requires special adaptation

C. Normal biodegradability

23-8 See Text.

CHAPTER 24

See text for all answers.

CHAPTER 25

25-1 See text.

25-2 See text.

25-3 See text.

25-4 (a) Lower (convention currents lift pan)

(b) Lower ($MgCO_3$ decomposes at 350°C)

(c) Lower (organics lost during initial drying at 103 to 180°C)

(d) Lower ($CaCO_3$ as well as $MgCO_3$ decomposes)

25-5 Volume = $0.65(350/50,000)(10^6$ gallons) = __4550__ gallons

25-6 Some organics were volatile and lost upon evaporation at 105 to 180°C.

CHAPTER 26

See text for all answers.

CHAPTER 27

See text for all answers.

CHAPTER 28

28-1 See text.

28-2 See text.

28-3 See text.

28-4 See text.

28-5 Sulfates = 0.0360 g BaSO$_4$(96 g SO$_4^{2-}$/233.3 g BaSO$_4$)(10^6 mg-ml/g-l)/400 ml
$$= \underline{\underline{37}} \text{ mg/l}$$

28-6 See text.

28-7 See text.

28-8 [HS$^-$]/[H$_2$S] = 9.1x10^{-8}/10^{-pH},   [S^{2-}]/[HS$^-$] = 1.3x10^{-13}/10^{-pH}

From which:

			Fractional Distribution		
pH	[HS$^-$]/[H$_2$S]	[S^{2-}]/[HS$^-$]	H$_2$S	HS$^-$	S^{2-}
6.0	0.091	1.3x10^{-7}	0.917	0.083	0.000
7.5	2.88	4.0x10^{-6}	0.258	0.742	0.000
10.0	910	1.3x10^{-3}	0.001	0.998	0.001

CHAPTERS 29 TO 33

See text for all answers.

- NOTES -

- NOTES -

- NOTES -

- NOTES -